»Und plötzlich war ich Bäuerin«

Ulrike Siegel (Hrsg.)

»Und plötzlich war ich Bäuerin«

Frauen erzählen aus ihrem neuen Leben

Weltbild

Genehmigte Lizenzausgabe für Weltbild GmbH & Co. KG,
Werner-von-Siemens-Str. 1, 86159 Augsburg
Copyright © 2010 by Landwirtschaftsverlag GmbH, Münster
Covergestaltung: Atelier Seidel, Teising
Covermotiv: © istockphoto/JackF, oksix
Satz: Datagroup int. SRL, Timisoara
Druck und Bindung: CPI Moravia Books s.r.o., Pohorelice
Printed in the EU
978-3-8289-5602-5

2020   2019
Die letzte Jahreszahl gibt die aktuelle Lizenzausgabe an.

Einkaufen im Internet:
www.weltbild.de

Inhalt

Viele Wege führen aufs Land!

Mit der Veröffentlichung der Bauerntöchter- und Bauern-
söhne- Geschichten wurde das Themenfeld der bäuerlichen
Herkunft ausführlich beleuchtet. Dadurch wurde offensichtlich das Interesse geweckt, auch etwas über den Blick
»von außen« zu erfahren. Und damit auch einmal Frauen
zu Wort kommen zu lassen, die aus völlig anderen Lebenswelten kommend in der Landwirtschaft gelandet sind.

In diesem Buch beschreiben 18 Frauen ihre Wege in die
Landwirtschaft. Alle kommen sie aus Elternhäusern, die ihnen
diesen Weg nicht vorgegeben hatten. Unterschiedliche Be-
weggründe haben sie dahin geführt. Sie haben aus Liebe zur
Natur und den Tieren selbst einen landwirtschaftlichen Beruf
erlernt oder ein Studium abgeschlossen oder sind der Liebe
wegen eher zufällig auf einem Bauernhof angekommen.

Da ist Nanna, in einer Hamburger Künstlerfamilie
aufgewachsen, die sich in einem Wartesemester für das
Tiermedizinstudium auf einem Milchviehbetrieb in die
Kühe verliebte und blieb. Bettina aus Stuttgart, die nach
der Schule ihren Traum verwirklichen wollte, einen kleinen Ökohof zu bewirtschaften und alles besser zu machen, was sie in der Schule über Landwirtschaft gelernt
hatte. Da sind aber auch die Krankenschwestern Sigrun
und Petra, die Bankerin Heike oder die Optikerin Gunda,
die erst die große Liebe auf einen Hof geführt hat.

Sie schreiben von »Gefahrenwarnungen« auf diesem Wege, eigenen Zweifeln und Anfechtungen, von Vorbehalten der Schwiegerfamilien, aber auch von liebevoller Aufnahme in die Großfamilie bis hin zur Unterstützung bei der weiteren außerbetrieblichen Berufstätigkeit. Es geht um das Einleben in ein bäuerliches Umfeld, die Mitarbeit in Hof, Stall und Feld und um die Schwierigkeiten, aber auch Chancen, dabei die eigene Rolle zu finden, zu definieren und diese auch zu leben.

Mit ihren Geschichten zeichnen die Frauen vielfältige Bilder der heutigen Frauenrolle auf Bauernhöfen. Es wird deutlich, wie sich der gesellschaftliche Wertewandel in diesem Bereich auch auf die Landwirtschaft ausgewirkt hat. Und wie Frauen in der Landwirtschaft ihren Traumberuf finden können, wenn sie die Eigenständigkeit des Berufes, das Arbeiten mit der Natur und die Verbindung von Beruf und Familie höher bewerten als die Abhängigkeiten vom Wetter und das Angebundensein mit dem Vieh. So wundert es auch nicht, dass keine einzige der Frauen ihren Weg aufs Land bereut!

Mein herzlicher Dank gilt den Autorinnen, die uns mit ihren Geschichten einen Einblick in ihre Lebenswelt gewähren. Für diesen Mut und die Offenheit gebührt ihnen großer Respekt.

Oktober 2010
Ulrike Siegel

Heike, Sparkassenfachwirtin, Niedersachsen

Das Gute an der Arbeit ist, dass sie nicht wegläuft

Was kann schöner sein? Ich sitze in meinem Gartenstuhl unter dem Apfelbaum nahe einem karmesinroten Rosenstrauch und schaue an einer Trauerweide vorbei auf den kleinen See. Über mir ein blassblauer Himmel mit vielen Schleierwolken, die langsam von der höhersteigenden Sonne davongeschoben werden. Menno-Heite und Helke spielen Ritter mit der Playmobilburg. Das gesamte

Kinderbild

Mittelalter wird wieder belebt, und selbst Janneke und Papa Menno erfahren durch das Brettspiel Agricola, wie es vor langer Zeit war, um das tägliche Brot zu kämpfen. Zwischendurch reden die vier jeweils über das Spiel der anderen und schaffen Problemlösungen.

Und ich? Ja, ich genieße den lauen Wind an meinen Beinen, erfreue mich an dem Blick in die Natur und an der kleinen Distanz zu meiner Familie. Nun sind wir im Urlaub! Urlaub – dabei habe ich kurz vor meiner Hochzeit zu meiner Mama gesagt: »Wenn ich zu Menno auf den Hof gezogen bin, brauche ich nie wieder in Urlaub zu fahren, so schön werden wir es haben!« Diesen Ausspruch habe ich vor ca. 19 Jahren getan. Und es ist tatsächlich so: Er gilt noch immer!

Wir sind zwar fast jedes Jahr unterwegs, aber wir fahren nie in Urlaub, sondern sind auf Reisen. Etwas Neues zu entdecken, zu schauen, was hinter der nächsten Kurve und dem Hügel auf uns wartet. Losgelöst vom Trott des normalen Alltags den Tag gestalten – wohlgemerkt selbst gestalten, keine Animation. Mit fremden Menschen in Kontakt treten und dann ihre Nähe spüren und spontan zu einem Glas Holundersaft eingeladen werden, einfach so. Und über das Leben diskutieren. Oder einem verträumten Bachlauf zu folgen, die Kiesel unter den Fußsohlen spüren, die sofort pieksen, weil man nichts gewöhnt ist oder weil man vielleicht manchmal die Bodenhaftung verloren hat. Das dahinfließende lebendige Wasser hat für uns alle einen besonderen Zauber. Und jeder genießt ihn auf seine Weise – die Kinder, die immer neue Möglichkeiten zum Spielen entdecken, Menno, der sich anstecken lässt vom Enthusiasmus, und ich, die Gelegenheit hat, sich dem Dahinfließen der Gedanken hinzugeben, sich vom Ballast zu befreien und in der Kühle die Seele baumeln zu lassen.

Spätestens wenn der Erste ruft: Ich habe Hunger! Hast du etwas Leckeres?, sind wir wieder in der Wirklichkeit angekommen. Trotzdem ist diese anders als auf dem Hof. Denn wenn mein Sohn hingebungsvoll in eine Scheibe dick abgeschnittenes Brot mit Leberwurst hineinbeißt oder Helke eine gebutterte Laugenstange verzehrt, ist dies das besondere Flair eines Picknicks. Natürlich ist bei einem Fünfpersonenurlaub das Budget eingeschränkt, denn zu Hause kostet der Betriebshelfer ja fast genauso viel wie unsere ganze Reise, doch das tut unserer Freude keinen Abbruch. Ich genieße es einfach, ein Glas roten Landwein zu trinken und ein Stück Ciabattabrot in der Hand zu halten, vor unserem Zelt zu sitzen und der Natur zu lauschen, zu lesen oder mit meinem Mann Menno über Gott und die Welt zu reden. Das ist Freiheit!

Aber nicht nur auf Reisen, sondern gerade auch auf dem Hof gibt es diese Freiheit. Freiheit, die aus uns selber kommt, das sollen unsere Kinder lernen und dabei lebenstüchtig werden. »Gefühle macht man sich selbst« – den Spruch, den ich selber vor langer Zeit geäußert habe, hält meine Mutter mir häufig vor, wenn ich mal wieder am Ende bin. Am Ende wovon? Weil ich wieder viel zu viel Arbeit habe? Weil mich Traditionen und Konventionen innerhalb der größeren Familie ein-engen? Das Schlimmste für mich ist, wenn mir gesell-schaftliche Verpflichtungen aufgezwängt werden, weil es sich eben so gehört. Gerade dann möchte ich mich zurückziehen in meine Welt, angefüllt mit Träumen aus meinen Büchern. Doch wenn ich ehrlich bin, will ich kein vorgelebtes Leben, kein Leben aus zweiter Hand. Ich will mein Leben! Und genau darin besteht der Spagat, sich nicht desillusionieren zu lassen durch Wäsche, Hausputz, Elternabende, Melkzeiten und Generatio-nenkonflikte, sondern sich die Neugier bewahren, im Alltäglichen das Besondere zu entdecken. Sei es ein Zi-tronenfalter, der seine Blüte auch im verkrauteten Beet findet, das Kälbchen, das am Sonntagmorgen gesund auf die Welt kommt und von seiner Mutter mit sanftem Muhen begrüßt wird, oder die ersten Schneeglöckchen, die meine Schwiegermutter mir herüberbringt. Für die-ses Erkennen bedurfte es von meiner Seite einer langen Zeit des Wachstums.

Meine Eltern, beide Jahrgang 1940, erfuhren in der Kriegs- und kargen Nachkriegszeit ihre Prägung. Si-cherheit und ein gutes Auskommen bestimmten ihren Werdegang. Als Grundschullehrerin und Diplom-Ma-schinenbauingenieur bauten sie sich ihr Heim in der Kleinstadt Leer. Beide Berufe waren durch Stipendien und Abendschulen hart erkämpft. Unabhängig zu sein, soweit dies im Angestelltenverhältnis möglich ist, war das große Streben. In diesem Sinne wurde ich auch von Anfang an angehalten, fleißig zu lernen, denn nur durch Wissen kann man etwas erreichen und wird anerkannt.

In beiden Familien meiner Eltern gab es zwar bäuerliche Freundschaften, aber der grundsätzliche Tenor war doch, dass viele Bauern einen großen Dünkel hatten. Nicht umsonst sprach man von den Polderfürsten, welche die Arbeitskraft der Erntehelfer ausnutzten, wenig zahlten und nur Akademiker gelten ließen. Glücklicherweise hat sich dies inzwischen geändert. Aber zur Jugendzeit meiner Eltern galt es noch. Trotzdem vermittelten sie mir die Landwirtschaft auch als große Freiheit. Oft waren wir im Hammrich unterwegs, oder Papa half aus lauter Vergnügen bei Freunden in der Heuernte. Wenn ich mitdurfte, war das immer ein großes Erlebnis. Am schönsten war das Abendessen: köstliche Bratkartoffeln, echte kuhwarme Milch, Rosinenbrot mit Schinken oder ein eigenes, gebratenes Hähnchen. Mittlerweile bereite ich dies alles selber zu und dennoch läuft mir bei den Erinnerungen an damals immer das Wasser im Munde zusammen.

Als ich mit 16 oder 17 Jahren ernsthafte Überlegungen anstrengte, welchen Beruf ich später ergreifen könnte, stand schon lange fest, dass ich Medizin studieren würde. Nun ergab es sich, dass ich die Ferien bei einer lieben Freundin meiner Mutter verbrachte, die einen schönen Milchviehbetrieb hatte. Dort lernte ich das Melken, das Füttern der Kälber, sogar Gülle durfte ich einmal fahren, das Abladen des Heus und Stapeln im Gulf und vor allen Dingen das gemütliche Beisammensein zum Essen um den Küchentisch. Dies sehr ausgeprägte Familienleben hat mir sehr gefallen, denn in dieser Form gab es das nicht bei uns zu Hause, schon berufsbedingt durch meinen Vater.

Nun geriet die Landwirtschaft immer stärker in meinen Fokus. Meinen sehr romantischen Gedanken an das Leben auf dem Land folgte alsbald die Ernüchterung. Das Hauptargument meiner Mutter war: »Kind, du machst dich abhängig von einem Mann, denn einen Hof können wir dir nicht geben!« Wie ärgerlich, aber wahr! Außerdem wäre das Arbeitspensum beträchtlich, auch an Sonn- und Feiertagen. Das hat sich bis heute nicht geändert. Mein Bruder fand meine Idee einfach absurd und eine Verschwendung meines Potenzials.

Mamas Vorschlag, mir den Umgang mit Tieren und Natur als Hobby zu bewahren, wie Papa es auch tat durch Jagd und Hundeausbildung oder naturnahe Urlaube, hatte durchaus auch seine Berechtigung. Und letztendlich wollte ich ja auch Medizin studieren!

Doch daraus wurde gar nichts! Nicht mein Abitur, sondern mein starkes Heimweh führte mich zur hiesigen Sparkasse und zur Sparkassenfachwirtin. Manchmal läuft eben alles ganz anders – oder doch nicht?

Mit Begeisterung nahm ich 1987 meine Ausbildung in Angriff mit dem Hintergedanken: Vielleicht studierst du in drei Jahren doch noch. Aber der liebe Gott hatte anderes im Sinn. So lernte ich wohl vier Monate später Menno, meinen jetzigen Ehemann, kennen. Und dieser Menno war doch tatsächlich Bauer! Jetzt geriet ich in gewaltige Gewissenskonflikte, die von meinen Eltern auch kritisch hinterfragt wurden, kannten sie doch mein Faible für die Landwirtschaft. Hatte ich mich in den Menschen Menno verliebt oder etwa in seinen bäuerlichen Hintergrund? Von zu Hause aus zu großem Pflicht- und Verantwortungsbewusstsein erzogen, befand ich mich in einem echten Dilemma. Wir konnten nun schwerlich in die Stadt in eine Mietskaserne ziehen und Fließbandarbeit leisten, um festzustellen, wie es denn anders wäre. Auf jeden Fall begannen wir, Zukunftspläne zu schmieden, und standen 1991 vor dem Traualtar. Ich, als heulende Braut, mit der Bitte an den lieben Gott, die Hochzeit sofort zu beenden, wenn irgendetwas falsch wäre. Es passierte nichts!

Heute schaue ich auf 19 glückliche Ehejahre zurück. Wobei Glück relativ ist.

Unseren heutigen Biohof haben wir uns hart erarbeitet. Wir starteten mit dem Bau eines neuen Boxenlaufstalles und eines Wohnhauses. Meine Schwiegereltern wollten gerne auf dem alten Hof wohnen bleiben. Allerdings sollten die Generationen nicht mehr unter einem Dach leben. Meine Schwiegermutter pflegte damals ihre über 90-jährige Schwiegermutter und sie vertrat den Standpunkt: Früher zog man zusammen, aber das müsse heute ja wohl nicht mehr sein.

Der Hofzoo

Diese Einstellung fand ich einfach klasse! Und somit bauten wir auf der anderen Straßenseite. Eine schwere Erkrankung von Menno machte viele Pläne zunichte. Zunächst war ganz klar: Ich muss in meinem Beruf weiterarbeiten, damit wir uns nicht um unsere Existenz sorgen müssten. Nach Mennos Genesung richteten wir uns dahingehend ein, dass ich in der Sparkasse arbeitete und Menno auf dem Hof. Wir mussten einige Zugeständnisse an seinen Rücken machen. Aber im Großen und Ganzen klappte es sehr gut.

1995 kam unsere älteste Tochter Janneke zur Welt – welche Freude! Trotzdem fing ich 18 Wochen nach der Geburt wieder Vollzeit in der Sparkasse an. Ich traute mich nicht, den dreijährigen Erziehungsurlaub anzutreten, hatte ich doch einen guten Arbeitsplatz und auch die politischen Rahmenbedingungen waren der Landwirtschaft nicht zuträglich. Also lieber auf Sicherheit bauen! In meiner Freizeit hatte ich doch genügend Möglichkeiten, auf dem Hof zu arbeiten!? Ich hatte überhaupt keine Zeit! 39 Wochenstunden Sparkasse plus Säugling plus Haushalt. Ich funktionierte einfach. Dann ein halbes Jahr später der Lichtblick. Mithilfe der neu eingesetzten Frauenbeauftragten wurde meine Stelle halbiert. Welch ein Luxus! Drei Jahre später wurde unser Sohn Menno-Heite geboren, und noch einmal fünf Jahre später bekamen wir unser jüngstes Töchterchen Helke. Nun blieb ich jeweils das erste Jahr zu Hause.

Rückblickend bin ich froh, dass ich mich durch diese Zeit durchgekämpft habe. Ich bin ein Grenzgänger gewesen! Nochmals würde ich das sicher nicht durchhalten: der chronische Schlafmangel, immer in Hetze, um pünktlich zum Stillen zu Hause zu sein, Haushalt, Garten. Gut, dass meine Schwiegermutter im Besonderen und meine Mutter, selbst noch berufstätig, mir zur Seite gestanden haben. Menno wurde zum Experten im Windelnzusammenlegen. Besuche wurden auf Sparflamme gehalten. Entweder stillte ich oder ich versuchte, früh zu schlafen. Heute frage ich mich manchmal, wie haben wir das bloß alles geschafft. Die Lösung ist ganz einfach: Menno und ich sind es gemeinsam angegangen! Wenn Menno in der traditionellen Rolle des Landwirts oder des Mannes an sich stecken geblieben wäre, gäbe es uns heute in dieser Form Familie mit unseren fünf Personen nicht! Und ich wäre vom Leben sicher sehr enttäuscht. Weil wir beide unkonventionell agieren und jeweils im Feld des anderen arbeiten können, finden wir für unseren großen Gemüsegarten, Haushalt, Kinder und Hof immer wieder Lösungen. Trotzdem gibt es natürlich auch bei uns eine Arbeitsteilung, und die ist ganz klassisch: Menno regiert hinten und ich vorne. Das ist für die Arbeitsabläufe einfach wichtig. Außerdem muss ein ständiger Austausch stattfinden, denn dadurch erfährt man etwas voneinander und sonst gingen die Gemeinsamkeiten verloren.

Vor vier Jahren haben wir beschlossen, endlich unseren Traum vom ökologischen Landbau zu verwirklichen. Zwei Jahre Umstellung liegen nun schon eineinhalb Jahre zurück. Es gab viele, sehr anstrengende Tage, an denen wir angezweifelt wurden. Aber Menno und ich glaubten an die Richtigkeit unseres Tuns. Unsere Kinder waren und sind begeistert, und das schweißt noch viel mehr zusammen. Nun sind wir also wieder auf einem neuen Weg mit unserem Biohof Lüntjenüst. Mit dieser Umstellung, die natürlich auch ökonomische Aspekte beinhaltet, ist aber die Wandlung weg vom Konsumdenken schlechthin zur Nachhaltigkeit einhergegangen. Ethische Werte, die für uns schon immer einen großen Stellenwert hatten, treten noch mehr in den Vordergrund. Den Fragen: Wo kommt etwas her? – Wie wird produziert?, kommen zentrale Bedeutungen zu. Ich habe längst aufgehört, nach Billigangeboten Ausschau zu halten. Vielfach leben wir nach dem Motto: Weniger ist mehr! Das bedeutet letztlich, dass wir zum Beispiel versuchen, auf Produkte der Massentierhaltung zu verzichten. Es bedeutet für mich aber auch einen Spagat beim Einkauf: Das eine will ich, das andere kann ich! Gelernt habe ich in den letzten Jahren, dass ich andere nicht missionieren muss, sondern ich muss vorleben. Hier komme ich jetzt an den Punkt, mich mit meinem erlernten Beruf auseinanderzusetzen. Zurzeit passt vor allem der verkäuferische Aspekt nicht mehr in mein Denkschema. Nun gab es vor einigen Monaten den Anstoß von Menno, der mich direkt fragte, ob ich mir vorstellen könnte, ganz auf dem Hof zu arbeiten. Meine Schwiegereltern haben schon ein hohes Rentenalter erreicht und ziehen sich immer mehr zurück. Obwohl Menno immer geplant hat, einen Einmannbetrieb zu führen, lässt sich dies aus gesundheitlichen Gründen nicht realisieren. Wird mein ewig gehegter Jugendtraum noch wahr? Was gibt es alles zu bedenken? Fragen über Fragen! Können Menno und ich überhaupt so eng zusammenarbeiten? Wir können! Nach Monaten intensivster Überlegung habe ich nun Stellung bezogen. Der Ruf der Verbraucher nach ökologisch angebauten Produkten bzw. Produkten der bäuerlichen Landwirtschaft bleibt hoffentlich im Fokus der Politik. Ich bereite zunächst nur vorübergehend meinen Ausstieg aus dem Angestelltendasein mit allen gebotenen Sicherheiten vor. Auch unsere häuslichen Abläufe ändern sich. Zum Beispiel planen die beiden großen Kinder ihr Frühstück weitestgehend allein: von Zwiebackmilch bis Spiegelei mit Schinken. Und sie sind stolz, wie selbstständig sie alles können, während ich erst die letzte Viertelstunde vor der Abfahrt zur Schule aus dem Stall komme, um noch kurz mit ihnen zu plaudern. Schön, dass unsere Erziehung zur Selbstständigkeit schon Früchte trägt. Unsere kleine Helke braucht natürlich noch mehr Unterstützung. Denn bei uns heißt es immer: zuerst die Familie. Ich werde trotz Mehrarbeit auf dem Hof viel freier sein. Denn nun kann ich innerhalb unseres Hofalltages meine Arbeit selber planen. Für meinen großen Wunsch nach Selbstversorgung wird mehr Zeit sein, vor allem ruhigere Zeit. Aber auch meine Hobbytiere, die Mohairziegen, deren Wolle ich verarbeite, mein Fjordpferd und das Pony, die Gänse, die Katzen, der Hund und bald auch die Hühner profitieren von meiner Gelassenheit, die mir im Urlaub von den Kindern bestätigt wird. Natürlich sind wir mehr angebunden als andere, aber so empfinde ich es nicht. Ich erfreue mich am Sonnenaufgang beim Küheholen. Es ist einfach schön, beim Vormittagskaffee kleine Zicklein auf den Pferden herumhüpfen zu sehen. Mittags essen wir im Garten und Libellen und Schmetterlinge umschwirren uns. Nachmittags aalen sich die Katzen in der Sonne und abends kehrt alles zur Ruhe. Im Herbst und Winter gibt es ein prasselndes Kaminfeuer und gute Musik und leckeren selbst gemachten Punsch und eigene Kekse. Menno spielt mit den Kindern und ich lese ein gutes Buch oder stricke oder spinne.

Die intensive Nähe zur Natur lässt mein Herz weit werden, und ich bin dankbar, dass ich so viel Lebensglück erfahren darf. »Wenn du die Ruhe nicht in dir selbst findest, ist es zwecklos, sie anderswo zu suchen«, sagt Friedrich Nietzsche. Meine Familie und der Hof sowie das weite Land sind mein Kraftzentrum. Nirgends möchte ich lieber sein. Das Phänomen unserer Gesellschaft, keine Zeit zu haben, macht auch vor mir nicht halt, dann muss ich Prioritäten setzen. Das Gute an der Arbeit ist, dass sie nicht wegläuft. Mennos Omas Ausspruch war immer, wenn man keine Lust hat, muss man sich welche machen und dann mit dem Herzen dabei sein. Wie recht sie hatte! Und wenn alles doch einmal überhand nimmt, beflügelt mich ein Wort von Astrid Lindgren: »... und manchmal muss man einfach nur dasitzen und gucken!«

Dani, Agraringenieurin, Baden-Württemberg

Das Ergebnis von vielen Zufällen

Ich bin geboren und aufgewachsen in der DDR. Der heutige Landesname Sachsen war damals nicht präsent in den Köpfen, wir wohnten im Bezirk Dresden. Meine Kindheit in einem dörflich geprägten Randbezirk einer mittelgroßen Kreisstadt erlebte ich als wunderschön: wohlbehütet, unbekümmert, voller Abenteuer im Kreis befreundeter Nachbarskinder, ohne große Pflichten seitens meiner Eltern. Unsere Familienverhältnisse empfand ich als Kind ideal. Meine Mutter war meine liebste Vertraute, mein Vater mein Idol und Beschützer, der einfach alles konnte. Mit meinem drei Jahre älteren Bruder teilte ich mir ein Zimmer, es gab die üblichen Streitereien, aber so ein großer Bruder bot auch Vorteile. Im gleichen Mietshaus hatte noch meine Oma mütterlicherseits eine kleine Wohnung im Dachgeschoss, sie war also auch ständig präsent und gehörte immer mit zur Familie. Davon dass wir finanziell nicht sonderlich gut ausgestattet waren, spürte ich nichts: Meine Welt war in Ordnung. Und das kleine bisschen Luxus kam ab und an von der Westverwandtschaft in Form von Paketen mit abgelegter Kleidung, die mich davor bewahrte, eine »Ost-Jeans« tragen zu müssen.

Bei der Einschulung

   Wir waren insofern nicht die typische Durchschnitts-
familie, da meine Mutter sich bewusst gegen die allge-
mein übliche Vollzeitberufstätigkeit für Frauen entschieden hatte, zumindest solange wir Kinder klein waren. Aufgewachsen in der Nachkriegszeit als einzige
Tochter einer alleinstehenden Flüchtlingsfrau war für

sie das häufige Alleinsein schon als Kleinkind wohl eine schlimme Erfahrung. Ihren eigenen größten Kindheitswunsch, eine richtige Familie, wollte sie ihren Kindern unbedingt erfüllen. Auch ihr späterer Wiedereinstieg ins Berufsleben bestand aus Arbeit, die sie größtenteils von zu Hause aus erledigen konnte. Ich wusste das damals wahrscheinlich nicht richtig zu schätzen. Im Gegenteil, wie oft habe ich mir gewünscht, einmal »Schlüsselkind« zu sein wie viele meiner Schulkameraden, dass eben niemand zu Hause ist, wenn ich aus der Schule komme. Auch mein Vater verhielt sich nicht systemkonform, er machte sich 1974 mit einem kleinen Handwerksbetrieb selbstständig. Vater war und ist ein Einzelgänger und Querdenker, der in den steifen Strukturen eines sozialistischen Betriebes ständig aneckte. Die Selbstständigkeit war kein Zuckerschlecken für meine Eltern und nur mit besonderen Auflagen überhaupt erlaubt, aber mein Vater konnte doch sein eigener Herr sein. Und mich erfüllte dieser Sonderstatus als eine der wenigen Möglichkeiten von Anderssein durchaus mit Stolz. Mein Elternhaus war immer gegen den Staat eingestellt, ich habe wie viele andere von klein auf gelernt zu unterscheiden, was ich zu Hause und in der Öffentlichkeit sagen darf. Aus heutiger Sicht kaum vorstellbar ist dies für uns früher ganz normal gewesen.

Landwirtschaft spielte zunächst keinerlei Rolle in meinem Leben. Meine Eltern hatten beide nichts mit Landwirtschaft zu tun. Ich war halt sehr naturverbunden und tierlieb, dies wurde mir auch so vorgelebt. Ein verletzter Spatz, eine kranke Katze – sowohl mein Vater als auch meine Mutter konnten kein Tier leiden sehen. Sie setzten alles daran, ihm zu helfen. Die allerersten Kontakte zur »Landwirtschaft« überhaupt hatte ich in unserem Schrebergarten, und sie bestanden aus Unkrautjäten, eine schreckliche, endlos scheinende Arbeit.

Als ich 13 Jahre alt war, zog meine Familie aufs Dorf und ich wechselte die Schule. Das Leben im Dorf wurde in vielfältiger Weise geprägt von den LPG (Landwirtschaftlichen Produktionsgenossenschaften) bzw. in unserem Fall GPG (Gärtnerischen Produktionsgenossenschaften): landwirtschaftlichen Großbetrieben, in denen viele Dorfbewohner arbeiteten, nicht nur im Stall oder auf dem Feld, sondern auch als Handwerker, Mechaniker, Bauarbeiter, Küchenkräfte, Buchhalter, Büroangestellte, … So fand die »Praktische Arbeit«, ein Unterrichtsfach ab der achten Klasse, für uns ebenso in der örtlichen GPG statt. Alle 14 Tage ein halber Tag Mitarbeit in der Produktion, das bedeutete im Sommer Rüben hacken, Tomaten oder Blumenkohl ernten auf nicht enden wollenden Ackerreihen, im Winter Petersilie für den Verkauf bündeln, Berge von Kohlköpfen putzen in riesigen Lagerhallen mit Eisfüßen und bei penetrantem Gestank nach verfaultem Kohl. Zensuren gab es nach Erfüllung der Norm, die ich nie erreichte. Meine wichtigste Erkenntnis aus diesen Erfahrungen mit der praktischen Landwirtschaft war für mich: Niemals möchte ich mit so einer stupiden Arbeit, bei der man jedem Wetter ausgesetzt ist, mein Geld verdienen müssen.

Bei der Suche nach einem passenden Beruf für mich ließ ich mich mangels eigenen Wissens stark von den Ansichten meiner Eltern beeinflussen. Besonders meine Mutter hatte sehr konkrete Vorstellungen davon, was für ihre Tochter geeignet wäre oder – besser noch – was gar nicht in Frage käme. Zu Letzterem zählten u. a. Bauwesen, Maschinenbau und Landwirtschaft. Ihr vorgefertigtes Bild, das sie mir überzeugend von diesen Branchen vermittelte, war: dreckige, schwere Arbeit, raue Umgangssitten, wo Frauen selbst in der »Führungsebene« einen schweren Stand haben.

Aufgrund meiner Vorliebe für Fremdsprachen wollte ich schließlich Dolmetscherin werden. Sicher verbarg sich dahinter auch die Hoffnung, mit diesem Beruf der Enge dieses Staates entfliehen zu können, etwas von der Welt zu sehen. Das Gefühl von Eingesperrtsein bestimmte aus der Erinnerung heraus meine Jugend. Was meine politische Gesinnung anging, hatte ich in der kirchlichen Jugendarbeit einen Platz gefunden, wo man Gleichgesinnte traf und der staatlich verordneten Langeweile und Verblödung entfliehen konnte. Aber das befreite mich nicht von der Wut und Verzweiflung, die ich empfand, wenn unsere Verwandtschaft aus Nürnberg nach ihren jährlichen Besuchen wieder nach Hause fuhr, wenn ich bei Reisen nach Berlin in greifbarer Nähe und doch unendlich weit weg die Hochhäuser der Gropiusstadt in Westberlin sah oder wenn ich mich mit meiner Brieffreundin aus Schwaben in Berlin traf und wir uns abends in der S-Bahn verabschiedeten, weil ich aussteigen musste, bevor die Bahn sich dem Grenzbahnhof näherte. Dies alles waren Boten aus einer Welt, die zwar nebenan lag, aber für mich unerreichbarer schien als der Mond. Noch heute spüre ich bei der Erinnerung daran diese Ohnmacht und ich muss mit den Tränen kämpfen. Andererseits bin ich im Nachhinein dankbar für diese negative Erfahrung. Ich bin überzeugt, niemand kann Freiheit so schätzen, wenn sie immer selbstverständlich dazugehörte.

Natürlich hätten wir wissen müssen, dass für den Beruf des Dolmetschers nicht nur sehr gute Sprachkenntnisse vorausgesetzt würden. Wir wussten es ja auch, aber es war mir einen Versuch wert und ich meldete mich für die Vorprüfung an, ohne die man sich gar nicht erst bewerben durfte. Bei diesem Test flog ich erwartungsgemäß durch. Es wurde mir nicht mitgeteilt, ob es an der wahrheitsgemäßen Beantwortung der Fragen des ersten Teils (»Haben Sie Kontakte ins nichtsozialistische Weltsystem?«), an mangelnden Fremdsprachenkenntnissen oder an beidem lag.

Was nun? Ich konnte ausgezeichnete schulische Leistungen vorweisen, und das bewog meine Eltern, mir zu einer Bewerbung für ein Medizinstudium zu raten. Auch da wurde ich abgelehnt, die Studienplätze waren

Verschwenderische Fülle im Garten

begrenzt und ich konnte außer meinen guten Noten
nicht viele Aspekte in meinem Lebenslauf nachweisen,
die mich als zukünftige Ärztin qualifizierten.

Mein Weg hin zur Landwirtschaft ist wahrhaftig kein
Ruhmesblatt. Letztendlich bewarb ich mich im zweiten
Durchgang für ein Landwirtschaftsstudium, weil wir

über meine Mutter Kontakte zum Leiter eines Futter-mitteluntersuchungslabors hatten, der sich wiederum mit Leib und Seele der Landwirtschaft verschrieben hatte und mir eine rosige Zukunft in der Forschung ausmalte. Ich sollte zunächst Pflanzenproduktion stu-dieren – das war nicht so gefragt, da bekam man prob-lemlos einen Platz – und nach dem Grundstudium zur Pflanzenzüchtung wechseln. »Züchtung« klang wohl auch für meine Eltern akzeptabel und so entschieden wir uns mangels Alternativen für diesen Weg. Einmal beim Studium angelangt, habe ich den Plan mit der Züchtung bald aufgegeben, der Stoff war selbst mir zu trocken und Statistik als eine der tragenden Säulen zählte nicht zu meinen Stärken.

Das für dieses Studium notwendige Vorpraktikums-jahr absolvierte ich in besagtem Futtermittellabor. Die Arbeit machte mir Spaß und ich traf dort zum Teil Menschen, die sich wirklich engagierten, die mitdach-ten und denen das Ergebnis ihrer Arbeit am Herzen lag. Zum ersten Mal erfuhr ich, dass acht Stunden tägliche Arbeit nicht nur Pflichterfüllung, sondern auch wichtig für das eigene Selbstverständnis sein können.

So interessant die Untersuchung der Qualität von Silage und Grünfutter auch war, sie bot wenig Einblick in Fragen des praktischen Ackerbaus. Also startete ich mein Studium mit wenig bis gar keinem Basiswissen über Landwirtschaft. Ich glaube, das ist einer der Gründe, weshalb ich den Lerneffekt meines Studiums als ungenügend einschätzen muss. Heute ist meine Meinung, dass ein solches Studium nur mit einer umfassenden praktischen Vorbildung Sinn macht. Fast alles Wissen und alle Fähigkeiten, die ich heute im Berufsalltag brauche, habe ich mir außerhalb des Studiums angeeignet. So fehlt mir heute auch jeder Respekt vor irgendwelchen Titeln – ich weiß, was hinter einem Dipl.-Ing. stehen kann.

Die während des Studiums absolvierten Praktika verlangten mir Dinge ab, die ich mir allein nie zugetraut hätte. Aber da wurde ich gar nicht gefragt, ich musste einfach Schlepper und Mähdrescher fahren. Es gab genügend Pleiten und Pannen, auf die ich lieber nicht näher eingehen will. Aber doch hat es mein Selbstvertrauen gestärkt, das ist für mich aus heutiger Sicht der größte Gewinn daraus. Und es zeigte sich, dass ich vor der realen Arbeitswelt nicht beschützt werden musste: Entweder war sie nicht so schlimm oder ich war nicht so zart besaitet, wie mir mein Elternhaus – sicher mit den besten Absichten – vermittelt hatte. Ich weiß, dass meine Eltern dann auch sehr stolz darauf waren, was ihre Tochter alles zuwege brachte.

Mitten in die Zeit meines Studiums fiel die Wende. Sah ich meine Zukunft vorher auf irgendeiner LPG als Brigadier, gern im Norden der DDR, war nun alles offen. Ich ergriff die Möglichkeit, für ein paar Wochen auf einem (für meine Verhältnisse) kleinen Bauernhof in Westdeutschland mitzuarbeiten, und stillte nach dem Studium mein Fernweh mit einem mehrmonatigen Auslandspraktikum. In beiden Fällen wurde ich erstmalig mit dem Gefühl von Stolz auf das selbst Geschaffene und Verantwortung für den eigenen Besitz konfrontiert. Das war mir vollkommen fremd, bei uns gehörte immer alles allen und somit keinem. Gleichzeitig entwickelte sich die Ahnung, dass mit Aufgabe der kollektiven Landwirtschaft – selbst wenn diese erzwungen war – doch auch Potenzial für effektiveres, zeitgemäßes Arbeiten verloren geht.

Während eines Kurses in Süddeutschland in den Semesterferien lernte ich meinen späteren Mann Dietmar kennen. Auch er war ein Quereinsteiger in die Landwirtschaft, der aber bereits in der Kindheit jede freie Minute auf einem benachbarten Bauernhof verbracht hatte und genau wusste, dass er später mal Landwirt werden wollte. Er hatte daher schon viel konkretere Vorstellungen von seinem beruflichen Werdegang als ich. Ich hatte mich mehr treiben lassen von äußeren Einflüssen, und die Entscheidung letztendlich für die praktische Landwirtschaft fällte ich ihm zuliebe. Nach meiner Rückkehr aus Australien kamen wir überein, dass eine Fernbeziehung auf Dauer für uns nicht in Frage kam, und daher bemühte ich mich um eine Arbeitsstelle in der Nähe des Studienortes meines Freundes, ohne darauf zu bestehen, dass diese meiner Ausbildung entsprach. Ein Lohnunternehmer, für den Dietmar schon längere Zeit neben dem Studium jobbte, bot mir eine Stelle als Maschinenführerin an. Seinen Mut bewundere ich heute noch und ich rechne es ihm hoch an, dass er mir so viel Vertrauen entgegenbrachte – ich selbst hätte es nicht gehabt. Und wie bei den Praktikumseinsätzen standen wieder Arbeiten an, die ich doch eigentlich gar nicht konnte. Ich lernte in kürzester Zeit, mit dem MB-Trac Straßenränder zu mulchen und freizuschneiden, mit dem Ungeheuer von Getreidemahl- und -mischanlage von Hof zu Hof zu ziehen, ansehnliche Zuckerrübenhaufen anzulegen und konnte auch meine Mähdruscherfahrungen zum Einsatz bringen. Nicht alles ging glatt, aber teilweise wurde ich sogar ausdrücklich gelobt von den Auftraggebern, die angesichts einer so jungen Frau auf den Maschinen wohl Schlimmeres erwartet hatten. Bald fühlte ich mich nicht mehr als »Ossi« in der Fremde, und wenn ich doch daran erinnert wurde, war es kein negatives Gefühl. Nach einem Jahr wechselte ich in eine andere Firma in einer anderen, aber auch mit der Landwirtschaft verbundenen Branche. Die Stelle bot mehr Verantwortung und ich war vorrangig im Büro, aber auch praktisch tätig. Diese Mischung gefiel mir recht gut. Mir machte die Arbeit Spaß, da ich merkte, dass ich anerkannt werde und in der Lage bin, für mich selbst zu sorgen. Aber es war sicher nicht die Erfüllung meiner Träume. Mein Lebensziel sah ich auch nicht darin, möglichst viel zu arbeiten und alles andere hintanzustellen. Nein, meine Freizeit war mir wichtig, ich wollte reisen, mir etwas leisten, mein unabhängiges Leben genießen. In dieser Einstellung unterschied ich mich schon grundlegend von meinem Freund, mehr, als es mir damals vielleicht bewusst war.

Als auch Dietmars Studium dem Ende zuging, begann die Suche nach einer Einstiegsmöglichkeit in die praktische Landwirtschaft, die uns beiden eine Zukunft bieten könnte. Für Dietmar kam nichts anderes in Frage, ich schloss mich dem an, auch mangels eigener konkreter Wünsche. Schließlich bot sich für uns die Gelegenheit, mit Unterstützung von Partnern einen kompletten Hof in Württemberg neu zu bauen und als Mitinhaber vor Ort zu bewirtschaften. Geflügelzucht war nicht unser ursprünglicher Favorit, aber wir sahen die einmalige Chance, ohne landwirtschaftliches Erbe und aus eigener Kraft heraus tatsächlich richtige Bauern sein zu können! Mit viel Elan und Idealismus gingen wir dieses Vorhaben an und wurden dabei – ohne es zu merken – erwachsen. Ich verlor im Lauf der Zeit meine Unbekümmertheit oder das »Gemüt einer Brieftaube«, wie meine Mutter es nannte. Einige Grundsätze wurden der Realität geopfert. Wir bekamen zwei Kinder, bevor wir uns doch noch entschlossen zu heiraten. Durch die Kinder und unser Engagement in verschiedenen Vereinen entwickelten sich nach und nach gute Kontakte ins Dorf. Unsere unmittelbaren Nachbarn standen uns als Berufskollegen von Anfang an sehr skeptisch gegenüber. Sie sahen in uns wohl in erster Linie schwer einzuschätzende Konkurrenz um Land und sogar Wasser. Wir bemühten uns um Sachlichkeit, was mir teilweise schwer fiel angesichts haarsträubender Unterstellungen. Heute sehe ich das gelassener, früher verstand ich nicht, warum man uns so misstrauisch betrachtete.

Inzwischen leben wir seit 14 Jahren in D. Dieser idyllische Landstrich ist mir mittlerweile ans Herz gewachsen, hier bin ich definitiv zu Hause. Es ist schön, viele Leute persönlich zu kennen, gemeinsame Erlebnisse mit ihnen zu teilen. Freundschaften sind entstanden, unsere Kinder werden hier groß. Sachsen ist meine Heimat, mit der ich Kindheits- und Jugenderinnerungen verbinde, aber zurück würde ich nicht gehen. Ich gehöre da nicht mehr hin. Allerdings zog es mich schon in früher Jugend weg, ich kann gar nicht sagen, warum. Vielleicht lebt im Unterbewusstsein fort, dass auch meine Eltern und Großeltern nur zufällig an diesem Fleck gelandet waren? Das Gefühl für Deutschland als mein Heimatland, in dem ich mich wohlfühle und leben möchte, stellte sich bei mir schlagartig nach meiner Rückkehr aus Australien ein. Vorher wollte ich immer nur weg, so weit weg wie nur möglich und mein Selbstverständnis als Deutsche wurde in erster Linie vom Schuldgefühl für die deutsche Geschichte geprägt. Nationalstolz verband ich sofort mit Rechtslastigkeit. Während meiner Abwesenheit entwickelte ich dann plötzlich eine gewisse Sehnsucht nach dem typisch Deutschen.

So gern ich inzwischen hier lebe, bin ich andererseits froh, als Zugezogene doch einen Blick von außen auf das Dorfgeschehen bewahrt zu haben. Man ist nicht gar so verstrickt im Vergangenen und behält leichter einen neutralen Status. Auch das Privileg des Landwirtes, außerhalb des Ortes ohne direkte Nachbarn wohnen zu dürfen, genieße ich. Manchem zu weit ab vom Schuss, empfinde ich die Ruhe und verschwenderische Weite unseres Grundstückes als pure Wohltat. Verbunden ist dies freilich auch mit einem erhöhten Fahraufwand gerade für unsere Kinder, wenn sie sich mit Freunden treffen möchten.

Da weder mein Mann noch ich diesen Betrieb ererbt oder erheiratet haben, ist eine grundsätzliche Gleichstellung von uns beiden von vornherein gegeben. Vielleicht ist es auch meine »sozialistische« Vergangenheit, dass ich mich selbst als gleichwertigen Partner sehe. Es gibt auch keine ältere Generation, mit der wir um unseren Platz auf dem Hof ringen müssen. Dieser Vorteil wiegt für mich mehr als die fehlende gegenseitige Unterstützung in einer Großfamilie. Trotzdem gibt es immer wieder Reibungspunkte und Quellen von Unzufriedenheit. Da wir mehrere Mitarbeiter beschäftigen und auch die Buchführung selber erledigen, nimmt die Büroarbeit recht viel Zeit in Anspruch. Diesen Part habe ich fast komplett übernommen. Im Gegensatz zu meinem Mann gehe ich gern mit dem Computer um und es hilft mir zu verstehen, was hinter den Zahlen in der Bilanz steht. Neben Kindern, Haushalt, Garten und Ferienwohnung bleibt dann aber nicht mehr viel Zeit übrig. So arbeite ich im Stall nur sporadisch bei Arbeitsspitzen oder zur Aushilfe mit. Diese Arbeitsteilung hat sich einfach so ergeben, ohne dass wir das konkret geplant hatten. Prinzipiell stehen wir beide auch dazu, aber immer wieder kommt es vor, dass mein Mann sich bei wichtigen Entscheidungen oder auch Alltagsproblemen auf dem Betrieb alleingelassen fühlt. Ich frage ihm dann zu wenig nach oder stehe einfach nicht genug in der Materie, um ihm hilfreiche Ratschläge geben zu können. Ich kann das einerseits verstehen, habe auch gleich ein furchtbar schlechtes Gewissen. Andererseits fühle ich mich teilweise mit diesen Ansprüchen überfordert, weiß nicht, wo ich die Kraft hernehmen soll, das alles zu leisten. Gerade nach der Geburt unseres dritten Kindes wusste ich oft nicht, wie ich diesen Berg Arbeit vor mir bewältigen sollte. Es machte mir Angst zu sehen, wie dieser Berg jeden Tag wuchs, wo sollte das hinführen? Nach langer Suche haben wir vor zwei Jahren endlich eine Hilfe für mich im Haushalt und Betrieb gefunden, die perfekt zu uns passt. Anfangs hatte ich noch Bedenken: Was sollen die Leute denken, andere schaffen das doch auch allein. Können wir uns das überhaupt leisten? Inzwischen stehe ich dazu, versuche zu akzeptieren, dass andere womöglich wirklich besser organisiert sind, dass ich eben nicht die perfekte Bäuerin bin. Ich will auch nicht nur für diesen Betrieb leben, das gebe ich zu. Ich brauche Freiräume und habe sie mir auch geschaffen. Sie durchzusetzen ist nicht immer leicht. Mein Mann versteht oft nicht, was ich mir noch alles aufhalse: Neben der Mitarbeit in kirchlichen Gremien, Landfrauenverein u. Ä. habe ich nun auch noch mit drei weiteren gleich gesinnten Frauen ein kleines Catering-Unternehmen gegründet. Es gibt uns seit einem Jahr und es läuft wirklich gut, wir kommen teilweise schon an die Grenzen dessen, was wir allein leisten können. Dies kann ich nicht ohne Unterstützung meiner Familie bewältigen. Aber es macht unendlich viel Spaß: Wir vier ergänzen uns perfekt, wir können unsere kreativen Ideen ausleben und bekommen viel Anerkennung seitens unserer Kunden. Und deswegen will ich es nicht aufgeben, für mich ist das der ideale Ausgleich. Stress wird es nur, wenn ich das Gefühl habe, meine Familie steht nicht hinter mir.

Eine weitere Leidenschaft von mir ist der Garten. Es gibt kaum etwas Entspannenderes und Befriedigenderes für mich als zu sehen, wie der mühsam angelegte Garten mit den Jahren immer üppiger und schöner wird. Gerade im Mai und Juni, wenn alles blüht und duftet, kann ich mich kaum sattsehen an dieser verschwenderischen Fülle. Selbst das Unkrautjäten mache ich gern – hätte dies das kleine Mädchen vor 35 Jahren geglaubt?

Wie blicke ich zurück? Dass ich heute Bäuerin bin, ist das Ergebnis von vielen Zufällen. Es hätte genauso gut anders kommen können. Ich glaube, dass ich auch an anderer Stelle hätte glücklich werden können. Aber warum sollte ich mir dar-über den Kopf zerbrechen? Viel wichtiger ist doch, dass ich zufrieden bin mit dem, wo ich gelandet bin. Ich bin dankbar dafür, dass mich mein beruflicher Werdegang das bewusste Leben mit den Jahreszeiten gelehrt hat, dass ich mit allen Sinnen die Natur wahrnehme. Ich bin stolz auf unseren Betrieb, auf unseren Beruf. Ich schätze es, Unternehmerin zu sein, Verantwortung zu tragen. Wir durften Erfolg erleben und mussten herbe Rückschläge einstecken. Gerade Letzteres hat uns zusammengeschweißt, dankbarer gemacht und sensibler für das eigentlich Wichtige im Leben. Und ich habe daraus gelernt zuzulassen, dass ich mein Schicksal nicht allein in den Händen habe, und erfahre es als Erleichterung, diese Last abgeben zu dürfen.

Wünschen würde ich mir mehr Zeit und dass ich gesund bleibe. Ich habe so viele Ideen in mir, dass ich mich schon jetzt auf mein Rentnerdasein freue, wenn ich all das umsetzen will.

Das habe ich mir verdient!

Hallo. Ich bin Anka und komme aus Südniedersachsen. Vor 23 Jahren hätte ich keinen Gedanken daran verschwendet, wenn mir jemand gesagt hätte, dass ich einmal »Bäuerin« auf einem Milchviehbetrieb sein würde.

Denn ich stamme aus einem »08/15«-Elternhaus. Meine Mutter war Friseurin, mein Vater Maurer. Ich war die Jüngste von drei Mädels zu Hause – und wahrscheinlich die frechste und durchsetzungsfähigste. Mit 18 Jahren bin ich zu Hause ausgezogen und somit sehr selbstständig. In unserer Familie gab es viel Stress, Streit und Unstimmigkeiten. Es wurde wenig geredet. Weil mein Vater mit seinem Baugeschäft Konkurs gemacht hatte, hatten meine Eltern große finanzielle Probleme. Ich habe immer Nähe und Geborgenheit gesucht, sie bei meinen Eltern aber nicht gefunden. Mit 14 erkrankte ich an Bulimie, was angeblich von meiner Familie nicht bemerkt worden ist! An mein Elternhaus habe ich daher nicht so viele positive Erinnerungen. An den Wochenenden wurde ich zu meiner Oma abgeschoben. Dort war die Welt in Ordnung. Dort machte das Spielen immer Spaß. Oma integrierte mich in ihren Alltag. Ich half ihr im Garten, ging für sie einkaufen. Oma machte mir abends meine Leibspeise: Eibrot

mit Mayo – die Eisch-
eiben filigran ge-
schnitten und mit
Liebe aufs Brot dra-
piert.

Eigentlich wollte
ich Krankenschwester
werden. Ich absol-
vierte ein dreiwöchi-
ges Praktikum, war
aber für die Ausbil-
dung zu jung. Das
Mindestalter lag bei
18 Jahren. In den
Oster- und Herbstfe-
rien folgten ein Prak-

1976 bei der Einschulung

tikum als Arzthelferin, eines als Bürokauffrau und
schließlich eines als Friseurin. Danach entschloss mich
für ein Berufsgrundbildungsjahr als Friseurin. Per An-
nonce wurde kurzfristig eine Auszubildende gesucht,
auf die ich mich meldete, zur Probe arbeitete und meinen Lehrvertrag unterschrieb! Wie mal meine Zukunft
aussehen würde, wusste ich damals nicht – und ich
hatte auch gar keine Vorstellung.

Heute bin ich vierzig, seit 16 Jahren verheiratet, habe
einen elfjährigen Sohn, arbeite und führe an der Seite
meines Mannes, Henner, seinen elterlichen Milchviehbetrieb. Wir haben 75 Kühe plus Nachzucht im Boxen-

laufstall und erweitern gerade auf ca. 100 Kühe. Als ich meinen Mann vor 23 Jahren kennenlernte, war es Liebe auf den ersten Blick.

Leider war es für ihn nicht so. Denn er hatte damals bereits seit vier Jahren eine feste Beziehung. Wir verloren uns aus den Augen. Ich ihn aber nicht aus dem Sinn. Zwei Jahre lang kramte ich immer wieder sein Foto hervor. Wie sich nach zwei Jahren herausstellte, hatte er mich auch nicht so ganz vergessen. Denn auf einmal stand er vor meiner Haustür. Zwar immer noch liiert, aber wohl mit einer festen Vorstellung, was er wollte, nämlich mich! Es dauerte – glaube ich – noch eine Woche, bis er seine bestehende Beziehung beendete und wir ein Paar wurden. Ich war – wie gesagt – noch in der Ausbildung und hatte meine eigene Wohnung. Henner war damals noch bei der Bundeswehr. Er pendelte zwischen Bund, Betrieb und meiner Wohnung hin und her. Meine Ausbildung ging dem Ende zu. Und damit stellte sich für mich die Frage, ob ich nach der Prüfung in meinem Lehrbetrieb bleiben und somit meine Wohnung finanzieren konnte. Der Gedanke kam also auf, dass ich mit Henner auf dem elterlichen Betrieb zusammenziehen könnte.

Seine Eltern hatten mich herzlich aufgenommen. Die Atmosphäre auf dem Bauernhof gefiel mir. In meiner Familie wurde das Familienleben sehr kleingeschrieben. Dort wurde ich ins Familienleben voll integriert. Wo ich konnte, brachte ich mich mit ein: Abendbrottisch decken, beim Heupressen helfen – und meine erste

Kälbergeburt war das Highlight. Meinen Schwiegereltern gefiel das, zumal meine Vorgängerin für den landwirtschaftlichen Betrieb nichts übrig hatte.

Also zog ich ein halbes Jahr vor meiner Prüfung zu Henner auf den Betrieb. Ich gab meine Selbstständigkeit auf. Gab eine 2½-Zimmer-Wohnung für ein Jugendzimmer mit Küchen- und Badbenutzung (Letzteres teilten sich meine Schwiegereltern, meine Schwägerin, eine weibliche Auszubildende und ich) auf. Ich packte meinen Hausstand in Pappkartons oder integrierte ihn in die Küche meiner Schwiegermutter.

Da war ich jetzt also! Ich bereitete mich auf meine Prüfung vor und bestand diese. Wenn ich abends von der Arbeit kam, freute ich mich, wenn jemand zu Hause war. Gemeinsam aßen wir zu Tisch, beredeten und planten den Tagesablauf im Betrieb zusammen mit Henners Eltern und den beiden Auszubildenden. Ein nie da gewesenes Zugehörigkeitsgefühl machte sich in mir breit. Meine Bulimie, die ich zu dem Zeitpunkt ca. vier Jahre hatte, war wie weggeblasen.

Henner beendete seine Bundeswehrzeit. Er absolvierte seine zweijährige Fachschule und anschließend seine Meisterschule. Ich hatte eine Anstellung in einem anderen Betrieb als Friseurin gefunden. Er übernahm zusehends mehr Pflichten im elterlichen Betrieb und nahm diese auch sehr ernst. Für mich manchmal zu ernst.

Unser Freizeitverhalten passte sich völlig dem Betrieb an. Und wo viel Arbeit ist, ist bekanntlich wenig Frei-

Unser Mehr-Generationen-Haus

zeit – ein nicht ganz glücklicher Zustand. Ich bekam
Zweifel an meinem Leben auf dem Bauernhof. Aber ich
wollte die Flinte nicht vorschnell ins Korn werfen. Zwei
Jahre hatte ich auf Henner »gewartet«. Also arrangierte
ich mich mit dem Betrieb. Langsam kehrte Routine
und Alltag ein. Ich machte meinen Job und half, wo ich
konnte, auf dem Betrieb. Mein Schwiegervater versuchte indessen, aus mir eine taugliche »Bauersfrau« zu
machen. Ich war jung und formbar. Aber nicht ganz so
formbar, wie er es manchmal wünschte. Denn es hatte
auch Vorteile, nicht vom Bauernhof zu stammen und
ein anderes Leben kennengelernt zu haben.

Der Druck, der manchmal auf mir lastete, es allen
und jedem recht zu machen, wurde größer. Ich distan-

zierte mich innerlich. Irgendwo zwischen Arbeit und Bauernhof haben wir uns verlobt. Mein Schwiegervater gab mir zu verstehen, dass ich jetzt bald einen anderen Namen tragen würde und mich dementsprechend zu verhalten hätte. War meine Familie nichts wert? Meine Schwiegermutter ließ keine Gelegenheit aus, im Beisein meiner Eltern zu betonen, was sie alles geleistet, erschaffen und finanziell bewegt hatten. Dies hat meinen Eltern nach dem Konkurs meines Vaters einfach wehgetan – und mir auch –, wie Menschen zweiter Klasse behandelt zu werden.

Meinen freien Montag (Friseusentag) behielt ich für mich. Zum Leidwesen meines Verlobten. Er wünschte sich, dass ich mich noch mehr im Betrieb einbringen sollte. Wieder kamen mir Zweifel, weil meine Eigenständigkeit langsam verloren ging. Mir fehlte meine Privatsphäre. Langsam wurde mir die Großfamilie zu viel. Selbst an meinem freien Tag hatte ich ein schlechtes Gewissen, wenn ich ausschlief und erst morgens um 9.30 Uhr (mitten am Tag!) mein Frühstück machte.

Aus der angenehmen Familienatmosphäre wurde eine beklemmende Enge für mich. Aber was ändern? Und wie? Ich war doch zugezogen.

Als ich eines Tages zu meinem Patenkind fuhr und dort frühstückte, fiel es mir wie Schuppen von den Augen. Was ich dort sah, wollte ich auch haben: einen eigenen Wohnbereich, in dem man(n) und frau sich frei bewegen konnten, ohne unter »Beobachtung« zu stehen, und das zu tun, was man gerade möchte. Ich hätte ein schlechtes Gewissen gehabt, mich tagsüber, während die anderen arbeiteten – vor den Fernseher zu setzen.

Henner bemerkte meine Unzufriedenheit auch und ich erzählte ihm von meinem Wunsch. Er reagierte völlig hilflos. Eine eigene Wohnung? Im eigenen Haus? Eine zweite Küche im Haus? Und wie sollte er das seinen Eltern erklären, wo er doch selbst nicht davon überzeugt war?

Wir führten Gespräche über Gespräche. Allein. Mit Henners Eltern. Mit Tränen. Ohne Tränen. Vor allem ohne Erfolg! Die Luft wurde langsam dünn für mich und ich begann Druck aufzubauen. Ich kehrte zu meiner eigenen Selbstständigkeit zurück. Flucht nach vorn war der Weg. Im Streit warf ich meinen Verlobungsring auf den Boden und forderte mein Recht auf Eigenständigkeit ein. Denn wo kein Platz für die nächste Generation ist, kann auch kein landwirtschaftlicher Betrieb fortgeführt werden! Meine Schwiegereltern bekamen, glaube ich, in diesem Moment Panik, dass die zukünftige Schwiegertochter von dannen ziehen könnte. Also bauten wir um und aus. Juchhu! Etappenziel erreicht! Ich schwang eigenhändig den Vorschlaghammer und schlug den Lehm aus den Gefachen, damit es auch wirklich voranging. Das Jugendzimmer wurde zum Schlafzimmer und aus den Zimmern von Schwägerin und Lehrling wurde per Durchbruch unser Wohnzimmer.

Mit eigenem Telefon! Ich war stolz wie Oskar, als wir unsere erste gemeinsame Einrichtung kauften. Ich hatte wieder eine Perspektive. Und so wie Rom auch nicht über Nacht erbaut wurde, dauerte es zwar eine Weile, bis die Küche stand und meine »Schwiegereltern« nach unten zogen, aber das gesteckte Ziel einer eigenen Wohnung war erreicht.

Später propagierten meine Schwiegereltern dann ihren »Fortschritt« und betonten, wie wichtig es sei, Jung und Alt voneinander zu trennen. Es kehrte Ruhe ein. Wir planten unsere Hochzeit und heirateten. Fünf Jahre später wurde unser Sohn geboren. Ich beendete mein Arbeitsverhältnis, weil ich für meine Familie da sein und mich im Betrieb engagieren wollte. Nach und nach übernahm ich Aufgaben im Betrieb. Erst das Melken, dann die Buchführung. 1998 übernahm Henner den Betrieb von seinen Eltern. Über meine künftige Rolle als Frau des Betriebsleiters wurde nie gesprochen. Brauchte auch niemand. Es wurde mir ja täglich vorgelebt. Wieder kamen Zweifel in mir auf. Wollte ich das? Schaffte ich das alles? Ist das mein Leben? Ich fiel in ein Loch. Mir wurde alles zu viel. Ich bekam Panik.

Ich war Friseurin. Ich konnte doch keinen Milchviehbetrieb managen. Konnte ich nicht? Konnte ich doch!

Die Betriebsübernahme war meine Chance. Ich war jetzt Chefin! Mir gefiel die Herausforderung. Meinen Schwiegereltern allerdings gefiel es nicht, nicht mehr so oft ins Betriebsgeschehen integriert zu werden. Es gab viele Meinungsverschiedenheiten und Henner saß jahrelang zwischen den Stühlen, hatte er doch einerseits eine starke Frau an seiner Seite und wollte andererseits seine Eltern nicht verletzen. Ich nutzte jede Gelegenheit, mich selbst zu verwirklichen. Ich krempelte den Garten komplett um, es folgten im Wohnhaus mehrere Durchbrüche, um die Wohnqualität attraktiver zu machen. Möbel fanden ständig einen neuen Standplatz. Im Betrieb wurden Arbeitsabläufe nach unseren Vorstellungen umstrukturiert – »wir haben das aber anders gemacht«. Je mehr mein Tun mit Argwohn beäugt wurde, desto mehr Arbeiten riss ich an mich. Ich wollte das und ich konnte das! Ich als Friseurin wollte beweisen, dass ich ebenso arbeiten und Verantwortung übernehmen konnte wie jemand, der aus der Landwirtschaft kam. Für meine Schwiegereltern, explizit für meinen Schwiegervater, war es ein langer, Jahre andauernder Lernprozess, sich aus dem Geschehen zurückzunehmen und loszulassen. Er tat sich sehr schwer, von einer Frau – seiner Schwiegertochter, einer ungelernten Kraft – Arbeitsanweisungen entgegenzunehmen, die nicht in seine Vorstellung passten.

Unser Verhältnis veränderte sich. Leider im negativen Sinn. Alles, was verändert wurde, wurde im Umkehrschluss vom Altenteil als Diskriminierung gewertet: »Dann haben wir das ja alles falsch gemacht.« Ich ging meinem Schwiegervater aus dem Weg. Wir waren die

Drei Generationen beim Basteln

nächste Generation. Hatten wir da nicht auch das Recht, uns selbst zu verwirklichen? Meine Schwiegermutter musste mehr als einmal zwischen uns vermitteln, aber das kritische Verhältnis blieb. Durch die viele Arbeit, die nun mal auf einem Milchviehbetrieb anfällt, waren und sind wir schon sehr ein- und angespannt. Als ich damals hier auf den Hof kam, gab es 30 Kühe, 50 Schweine und den Ackerbau. Dazu waren meine Schwiegereltern, mein Mann, ein Lehrling für die Außenwirtschaft, ein Lehrling für den Haushalt, eine Oma und eine Tante für Garten-, Putz- und Flickarbeiten sowie ein Knecht, der ein Relikt aus der Flüchtlingszeit war, vorhanden.

Heute haben wir 75 Kühe plus Nachzucht und

Ackerbau. Henner und ich sind »allein«. Meine Schwiegereltern sind 70 und 73 Jahre alt. Ihrem Alter entsprechend pusseln sie in den Ecken. Sie kümmern sich um Brennholz, räumen hier und da auf, stellen den Fahrdienst für den Junior. Es gibt noch so manche »Baustelle« auf dem Hof. Als Nächstes werden wir an den bestehenden Boxenlaufstall für unser Jungvieh anbauen, um die anstehenden Arbeiten arbeitswirtschaftlicher zu gestalten. In diesem Zuge werden wir unseren Kuhbestand auf ca. 100 Milchkühe aufstocken. Nur für das Jungvieh alleine zu bauen, bringt zwar eine Arbeitserleichterung, aber leider keine Mehreinnahmen. Und wenn schon eine Baustelle da ist, kann alles in einem Atemzug erledigt werden. Der finanzielle Aufwand für die Aufstockung der Milchkühe ist im Verhältnis irrelevant. Die tägliche Arbeit und Verpflichtungen sind sowieso vorhanden. Und der Stall trägt sich nur durch die Milchleistung.

Der Betrieb steht im Vordergrund. Aber die Denkweise, den Alltag zu meistern, ist eine andere geworden. Weil Henner und ich alleine sind und wir auch nur ein Leben und eine Gesundheit haben, versuchen wir manchmal bewusst »loszulassen«, um für den Betrieb wieder leistungsfähig zu sein. Während sich Henner den Wind beim Quadfahren um die Nase wehen lässt, mache ich meine Schweißkurse mit den Landfrauen – »mein Garten muss mal wieder neu dekoriert werden«!

Wie sich jetzt aber im Nachhinein erwiesen hat, war »unser« Weg der richtige. Hätten wir keine eigene Wohnung gehabt, wäre ich vermutlich gegangen. Hätte ich nicht meinen eigenen Weg umgesetzt, wäre ich heute nicht in der Lage, unseren betrieblichen Ablauf allein zu bewältigen, während Henner seinen ehrenamtlichen Posten im Molkereivorstand wahrnimmt. Das heißt: Kühe melken, Futter mischen, Kälber auf die Welt holen, Fruchtbarkeitsmanagement, Gesundheitsmanagement, Buchführung, Familie, Haushalt, Garten.

Zurzeit bin ich dabei, meine »Chefqualitäten« auf anderer Ebene zu entfalten. Ich delegiere meine Arbeiten. Mein Schwiegermutter macht meine Wäsche – Gott sei Dank endlich keine Hemden mehr bügeln! –, und ich habe einen Aushilfsmelker eingestellt. Dieses Wochenende fahre ich allein! Drei Tage an die See. Und das habe ich mir verdient!

Sigrun, Krankenschwester, Baden-Württemberg

Gefahrenwarnungen

Als meine Eltern im April 1960 heirateten, war der Start ihrer Ehe geprägt von der Krebserkrankung der Mutter väterlicherseits, deren Tod im November, der Übernahme der Vormundschaft für drei minderjährige Geschwister sowie der Geburt meines Bruders.

Jetzt musste Wohnraum geschaffen werden, und da ich mich schon nach einem weiteren Jahr ankündigte,

Mein Bruder und ich am Kieshaufen

erbauten meine Eltern in viel Eigenleistung und mit noch mehr Schulden ein Eigenheim am Ortsrand eines 1600-Seelen-Dorfes im heutigen Kreis Ludwigsburg.

1963 zogen wir ein, ich war gerade knapp ein Jahr alt, und dort hatte ich auch die erste Begegnung mit der Landwirtschaft. Es war wohl im zweiten Sommer meines jungen Lebens. Mit meinem Bruder spielte ich auf einem Kieshaufen außen an der in einer Sackgasse endenden Straße. Unterhalb der uns gegenüberliegenden neuen Grundschule gab es ein Getreidefeld – es war Erntezeit.

Wir hatten beim Spiel unsere »eigenen« Motoren von Bagger und Radlader an, sodass wir das Geräusch des herannahenden, dröhnenden und klopfenden Mähdreschers nicht gleich hörten. Erst als das graue Ungetüm unten an der Straße – es waren vielleicht 40 Meter – um die Ecke bog, mein Bruder langsam aufstand und dann blitzartig heimrannte, war mir klar, dass da was sehr Bedrohendes auf mich zukam. Vor Schrecken und Entsetzen bocksteif blieb ich wie angewachsen stehen, bis der Mähdrescher kurz vor mir in das Feld einbog und in aller Seelenruhe (nein, mit einem riesigen Krach) zu dreschen begann. Irgendwann waren dann meine Mama und mein Bruder an meiner Seite und wir schauten gemeinsam der Ernte zu.

Inwiefern dieses Erlebnis Auswirkungen auf meine 19 Jahre später getroffene Entscheidung, einen Landwirt zu heiraten, hatte, weiß ich nicht mehr – »Gefahrenwarnungen« gab es auf jeden Fall genug. Außerdem, wie heißt es so schön: »Liebe macht blind«, und ich war eh von jeher kampfeslustig und bereit, Herausforderungen anzunehmen. Etwas gar nicht erst zu probieren, kam nicht in Frage.

Zunächst kamen aber Jahre der Kindheit, die von einer sparsamen, gerne arbeitenden, bedingt durch knappe Kassen alles selbst anpflanzende und herstellende Mutter geprägt waren. Arbeit war immer da, für Mama nie endend, da nach mir noch ein drei Jahre jüngerer Bruder und eine fünf Jahre jüngere Schwester dazukamen.

Papa hatte Schreiner gelernt, machte anschließend aber noch eine kaufmännische Ausbildung und arbeitete sich in der Automobilzuliefererbranche durch seine Zuverlässigkeit und Geradlinigkeit ziemlich zügig nach oben. Er verließ um sechs Uhr morgens das Haus und kam selten vor halb sieben abends heim. Anfangs fuhr er mit dem Zug; als er später mit dem Auto heimkam, musste das Garagentor offen sein und das Essen auf dem Tisch stehen.

Wir Kinder lernten Ordnung und wussten uns auch gut erzogen zu benehmen. Die zwei jüngsten Geschwister meines Vaters verließen nach und nach das Haus. Meine Tante machte eine Ausbildung zur Krankenschwester. Sie faszinierte mich mit ihrer weißen Dienstkleidung und den Büchern, aus denen sie abends noch lernte. Ich wollte wie sie anderen Menschen helfen und deshalb beschloss ich schon im Alter von sieben Jahren, ebenfalls diesen Beruf zu wählen.

Nach einer unbeschwerten Kindergartenzeit, in der ich auch das Flötenspielen lernte, schloss sich die Grundschulzeit an. Ich versuchte, immer alles richtig und ordentlich zu machen, und wurde von der Lehrerin in einem Elterngespräch als sehr vernünftig und zuverlässig beschrieben. Als ich älter war, durfte ich sogar auf deren zwei Kinder ab und zu aufpassen.

Nach den Hausaufgaben war nachmittags zu Hause Mithilfe angesagt: in Haushalt, Garten und Krautgarten, einer kleinen Parzelle außerhalb des Dorfes, welche meinen Eltern von einem großzügigen Ehepaar zur Verfügung gestellt worden war. Ich half meistens gerne mit. Wir liefen mit dem Leiterwagen, in dem sich meine jüngeren Geschwister und die Arbeitsgeräte befanden, zum Krautgarten. Dort spielten wir im Bach und lernten nebenbei, wie man auf dem Feld pflanzt, Unkraut in Schach hält, Kartoffeln aufliest (und heimlich wirft!) und überhaupt alles erntet, was so gewachsen ist. Zu essen gab es, was der Garten hergab. Kraut wurde eingeschnitten, Gurken eingelegt, Gemüse eingefroren, sämtliches Obst und alle Beeren entweder in Einmachgläser eingekocht oder daraus Marmeladen und Saft hergestellt. Ich empfinde auch heute noch immer ein Gefühl der Zufriedenheit und Dankbarkeit, wenn ich im Keller die Reihen von Eingemachtem stehen sehe.

Alle zwei Wochen haben wir im Backhaus gebacken.

Das war auch lustig und vor allem lecker. Wenn Papa nicht dabei war, hat er uns die Reisigbüschel zum Anheizen immer schon hergerichtet. Ich liebte das Feuer machen und wenn hinterher die Glut gefegt wurde und es dabei zischte und brodelte. Dann wurden Brot, Laugenweckle, »Kimmichplätz«, Kartoffel- und Zwiebelkuchen gebacken und zum Schluss die feineren Kuchen und Hefezopf. Wir hatten es nicht weit bis zum Backhaus, nur durch ein Gässle hindurch. Wir Kinder liefen wie die Ameisen hin und her. Manchmal landete ein Backkorb samt Teigling auf dem Boden, dann wurden die Steinchen herausgezupft und alles so zurückdrapiert, dass niemand was bemerkte. Am liebsten aber haben wir das frisch gebackene Brot heimgetragen, und es dabei oft an den Knäuslen angebohrt – es schmeckte einfach nur zu gut.

Einmal in der Woche durfte ich nachmittags zu meinen Freundinnen, da habe ich mich immer darauf gefreut. Ich wusste aber, dass ich pünktlich um halb fünf zu Hause sein musste – um fünf gab es Abendessen. Um sieben Uhr gingen die Kleinen ins Bett und wir Älteren in unsere Zimmer, damit Papa, der oft sehr müde und angespannt war, seine Ruhe hatte.

Nach der vierten Klasse kam ich aufs Gymnasium. Die Schule war schön, weil ich dort meine Freundinnen traf und wir Spaß hatten – den Ernst des Lernens habe ich in dieser Zeit nicht erkannt. Ich kam mit guten bis befriedigenden Noten durch. Wichtiger als die Schule war mir, zu Hause meine Mama zu entlasten, da sie mittlerweile öfters auch gesundheitliche Einbrüche hatte. Vor allem während der Ferien hörte ich, wie sie oft schon um sechs in den Krautgarten ging. Dann stand ich auf und überraschte sie mit irgendwelchen erledigten Arbeiten. Wir verstanden uns meistens prima, auch über die Pubertät hinweg.

In Urlaub gingen wir mit den Eltern nicht, aber sonntags machten wir Ausflüge und Wanderungen, was immer sehr schön war. Samstags, wenn alle Arbeiten in Haus und Hof erledigt waren, gab es vor dem Baden um fünf Uhr noch einen Familienkick. Alle spielten mit – die Kleineren meistens im Tor. Manchmal spielten wir auch Stelzenfußball – für jeden hatte mein Papa ein Paar gemacht. Mit meinem älteren Bruder zusammen ging ich auf Kinderfreizeiten unserer Kirche und in den Oster- und Sommerferien zu meinem Lieblingsonkel Friedemann nach Weinsberg. Er hatte einen großen Weinbaubetrieb. Was ich zu Hause noch nicht an Mithelfen und Zusammenarbeit gelernt hatte, lernte ich dort. Onkel Friedi glich die Strenge von Papa aus. Wir machten Hahnenkämpfe in der Küche und binokelten bis um halb vier nachts, ein Gläschen Wein gab es auch dazu, egal, wie alt wir waren – so lange, bis die Tante tobte und uns ins Bett jagte. Trotz ihrer äußeren Strenge war sie, wie auch mein Vater, ein herzensguter Mensch, der uns liebte und nur das Beste für uns wollte. Eine wichtige Rolle in meinem Leben spielten auch noch unsere Kirchengemeinde und mein Glaube. Meine Mama war mir ein großes Vorbild darin. Ihr Gottvertrauen hat mich sehr beeindruckt, und als ich älter wurde, führten wir auch viele Gespräche über unsere persönlichen Gottesbeziehungen oder auch über zwischenmenschliche Beziehungen.

Bei einer Silvesterfreizeit unseres Jugendkreises – ich war etwa 15 ½ Jahre – wurden auch Jugendliche aus der Gemeinde eingeladen, welche nicht regelmäßig in den Jugendkreis kamen. Einer davon war mein heutiger Mann. Wir blödelten miteinander herum, verliebten uns ineinander und nach zwei Monaten »gingen« wir miteinander – zunächst verheimlicht vor den Eltern, welche sich von der Gemeinde und vom Posaunenchor her gut kannten.

Irgendwann wurde es dann doch offiziell und akzeptiert. Wenn wir uns treffen wollten, war eher ich das Problem, denn irgendwie musste ich zu Hause wesentlich mehr helfen als mein Mann auf dem elterlichen landwirtschaftlichen Betrieb. Mit meiner Vorstellung vom Bauerndasein stimmte das nicht überein. Es folgten Jahre des Verliebtseins mit gemeinsamen Unternehmungen, meistens in der Gruppe, wie z. B. im Tanzkurs. Nach der zehnten Klasse verließ ich das Gymnasium und begann meine Ausbildung zur Krankenschwester – was für mich nicht nur Beruf, sondern Berufung war.

Ich organisierte für meinen Freund an seinem 18. Geburtstag sein erstes Geburtstagsfest mit Gleichaltrigen und machte dazu Kartoffelsalat, den er heute noch liebt.

Meine Kinder im Stall

Er war auf dem Weg zum Abitur, bekam sein erstes Auto und so konnten wir uns auch leichter sehen. Nach dem Abitur schloss sich bei ihm die 15-monatige Bundeswehrzeit an und wir erlebten alle Höhen und Tiefen, die so eine Zeit mit sich bringt. Während meines dritten Lehrjahres verlobten wir uns. Er hatte inzwischen beschlossen, statt zu studieren nun doch eine Ausbildung als Landwirt auf einem Betrieb im Nachbarort zu machen. Die gute Beziehung zu seinem Vater spielte hier sicherlich auch eine Rolle.

Kurz davor kam die erste »Gefahrenwarnung«, und zwar von der Freundin meines Bruders. Sie kam von einem Milchviehbetrieb, ähnlich dem elterlichen Hof meines Verlobten. Ihr fester Vorsatz war: »Heirate nie einen Bauern!« Aber ich war verliebt und überzeugt: Wenn man will, schafft man alles! Auch wenn mir natürlich schon manches auffiel, was in der zukünftigen Schwiegerfamilie anders war als bei uns.

Meine Ausbildung beendete ich erfolgreich mit dem Staats-examen und bezog eine eigene Wohnung nicht weit weg vom elterlichen Betrieb meines Verlobten. Ich arbeitete Vollzeit im Krankenhaus. In Stoßzeiten und bei Festen half ich auch schon auf dem Betrieb mit.

Nachdem wir seit eineinhalb Jahren verlobt waren, beschlossen wir zu heiraten. Mein Mann war 22 Jahre alt und mit der landwirtschaftlichen Ausbildung fertig, ich verdiente mit 21 Jahren schon gutes Geld.

Auch die Hochzeitsplanungen verliefen nicht ohne weitere »Gefahrenwarnungen«. Beim Traugespräch fragte mich der Pastor, ein Bauernsohn, ob ich wirklich da einheiraten wolle. Meinem Mann nahm er das Versprechen ab, die ersten zehn Jahre nicht mit mir auf den Betrieb zu ziehen; dort waren aber eh alle Wohnungen von Großeltern, Eltern und seiner mehrfach behinderten Schwester belegt.

Im April 1984 feierten wir eine schöne, große Hochzeit. Flitterwochen gab es keine, wegen der Arbeit auf dem Hof. Wir wollten sie im September nachholen und fuhren an den Bodensee, mussten jedoch am vierten Tag zum Silieren nach Hause kommen. Auf dem Hof gab es damals 20 Milchkühe mit Nachzucht, Ackerbau und etwas Weinbau. Mein Mann arbeitete inzwischen voll auf dem Betrieb mit, der nun vergrößert wurde, da die Hofnachfolge mit unserer Heirat ja gesichert war. Ich lernte die schönen und die beschwerlichen Seiten der Landwirtschaft kennen, versuchte mich, wo es mir

neben meiner Berufstätigkeit möglich war, einzubrin-
gen, machte einen Rebenschnitt- und einen Buchfüh-
rungskurs, konnte aber nicht wirklich Fuß fassen.

Wir wohnten zunächst in meiner kleinen Zweizim-
merwohnung, wo auch im Juli 1985 unser erstes Kind
geboren wurde. Ich war glücklich über die neue Aufgabe, Rebekka war ein liebes, pflegeleichtes Kind. Papa
und Tochter liebten sich, er konnte jedoch mit so kleinen Kindern einfach noch nichts anfangen, das blieb
auch bis zum fünften so. Da wir finanziell sehr eingeschränkt waren, arbeitete ich als Krankenschwester,
zwar mit reduzierter Arbeitszeit, bis zur Geburt unseres
vierten Kindes weiter. Dies war nur möglich mit Unterstützung meiner Eltern, vor allem der meiner Mama.

Mein Mann legte in dieser Zeit die Prüfung zum
Landwirtschaftsmeister ab und trat in die Fußstapfen
seines Opas, der auch schon beim Rinderzuchtverband
ehrenamtlich tätig war. Daneben spielte er in einem
Auswahlchor Trompete. Dies führte uns auf so manche
Konzertreise, z. B. nach Bremen und in die damalige
DDR. Diese gemeinsamen Reisen haben wir sehr genossen. Unsere Kinder Rebekka und Michael wurden
dann von meinen Eltern betreut. Später, nach der Geburt von Tobias, Franziska und Carolin, konnte ich leider nicht mehr mit.

Der Betrieb entwickelte sich weiter, jeder hatte seine
Aufgaben. Ich war in der Weinlese für die Versorgung
der Helfer zuständig, was bis dahin die Oma gemacht

hatte: Essen kochen, Kuchen und Laugenweckle backen und Berge von Geschirr versorgen. Mein Papa kaufte zu der Zeit gleich zwei Geschirrspülmaschinen – je eine für meine Mama und mich. Bis dahin musste alles von Hand gespült werden. Wir wohnten inzwischen mit drei Kindern in einer Dreizimmerwohnung meiner Eltern, die wir gemietet hatten.

Durch den Verkauf eines kleinen Bauplatzes, den mein Mann von seiner Mutter bekommen hatte, konnten wir den Grundstock für den Kauf eines älteren Hauses zwei Straßen unterhalb der Hofstelle legen. Mit viel Eigenleistung und mit noch mehr Hilfe von Verwandten und Freunden renovierten wir das Haus, oft bis in die Nacht, wenn die Kinder schliefen. Im Januar 1994 zogen wir ein – ich war mit dem vierten Kind schwanger. Zwei Jahre später wurde der Hof übergeben. Es war für alle Beteiligten keine einfache Zeit. Die gegenseitigen Erwartungen und die Bedingungen, die in dem Hofübergabe-Vertrag behandelt wurden, brachten uns so manches Mal an den Rand unserer Belastungsfähigkeit. Viele Gebete um Weisheit, Einsicht, Vertrauen und Liebe wurden in dieser Zeit gesprochen. Doch auch das haben wir bewältigt, am Ende auch wieder gemeinsam.

Mit den Kindern ging ich oft abends zur Stallzeit auf den Hof, so sahen sie Papa, Opa, Oma und Uroma. Wir halfen beim Füttern, Ladewagen-Abladen und Häckseln. Auch bei Uroma gab es immer irgendwas zu tun.

1997 wurde Carolin geboren – unsere Jüngste. Ich war von der Arbeitsbelastung echt an der Grenze und hätte dringend ruhigere Nächte gebrauchen können, doch damit wurde es nun wieder nichts. Die Kinder waren nun mal mein Part, ihr Papa schlief viel zu gut nach den langen Arbeitstagen.

Urlaub war in den ersten Jahren kaum möglich, es war schwer, meinen Mann von seiner Scholle los zu bekommen. Die Kinder und ich forderten den gemeinsamen Urlaub aber immer wieder ein, obwohl es für mich immer mit viel Aufwand verbunden war. Kurzfristig eine bezahlbare Unterkunft für sieben Personen zu finden, war nicht immer einfach. Aber wenn wir eine Unterkunft hatten – meistens in einem Familienferiendorf – und alles in unseren roten VW-Bus gepackt war, wurde es schön und lustig. Schon nach wenigen Kilometern kam es von hinten: »Mama, ich hab Hunger. Papa, wann sind wir da? …«

Betrieblich standen Veränderungen an. Mit der Betriebsübergabe hatte ich die Buchführung übernommen und damit nun Einblick in die finanzielle Situation. Der Stall war nach 35 Jahren komplett sanierungsbedürftig, die Hofstelle war inzwischen rundherum von Wohnbebauung umgeben, es wurde immer schwieriger, mit den Maschinen und Futterwägen die Hofstelle zu erreichen. Außerdem sollten wir als Betriebsleiterfamilie dringend auf den Hof ziehen. So begannen wir, eine Aussiedlung zu planen. Flurbereinigungsbehörde,

Landwirtschaftsamt, Stadtverwaltung, Makler (zwecks Hofstellenveräußerung) und Bank waren schon eingebunden. Die Pläne wurden fertig, zunächst lief auch alles ganz gut, doch dann hatte mein Mann einen schweren Unfall. Er geriet mit seinem rechten Arm in die Gelenkwelle des Zuckerrübenvollernters und fiel für fast ein halbes Jahr aus. Da der Betriebshelfer nur zu fünf Stallzeiten in der Woche da war und mein Schwiegervater gesundheitsbedingt nicht mehr melken konnte, lernte ich in dieser Zeit von ihm das Melken. Am Abend und am Wochenende war ich nun im Stall, mein Mann eher zu Hause. Ich arbeitete gerne mit meinem Schwiegervater zusammen.

Der Arm meines Mannes konnte durch eine langwierige Operation wieder prima hergestellt werden, jedoch gab es mit dem Aussiedlungsverfahren Probleme. Für Flächenzusammenlegung, Erschließung und Aufstockung des Milchkontingentes wären wir schon eine Million DM los gewesen, ohne damit auch nur mit dem Bau begonnen zu haben. Ich war nicht mehr bereit dazu und die Schwiegereltern wollten eh nicht mit hinaus. Stattdessen schlugen wir einen anderen Weg ein: Mein Mann fand eine Teilzeit-Beschäftigung bei der »Rinderunion Baden-Württemberg e. V.«. Wir hörten mit der Milchviehhaltung auf und bauten die Scheune und den Stall in Wohnraum für uns, Hofladen, Maschinenhalle und Aufenthaltsraum für unsere Weinlesehelfer um. Als diese Entscheidung gemeinsam getroffen war, waren wir alle erleichtert. Den Kühen, welche über Generationen der züchterische Stolz der Männer waren, weinte erstaunlicherweise keiner nach.

Ich stieg voll in die Bauplanung ein. Das war mein Element, von den Planungen bis zur finanziellen Abwicklung – das Verhandeln mit Bank, Landwirtschaftsamt, Architekt und Behörden machte mir Spaß. Wir begannen mit dem Abriss, die ersten Fundamente waren gesetzt – und dann bekam mein Mann drei Tage später im Alter von 39 Jahren einen Herzinfarkt. Der Architekt wollte den Bau einstellen, für mich stand fest: »Wir machen weiter.« Familie, Betrieb und Bau mussten weiterlaufen, die Besuche bei dem immer ungeduldiger werdenden Gatten waren teilweise auch spannend. Nach Intensivstation, Herzkatheter, längerer Genesungszeit im Krankenhaus und anschließender Reha wurde er zum Richtfest mit guten Prognosen entlassen.

Die Bauzeit nahte sich dem Ende, als sich bei mir noch vor dem Umzug massive gesundheitliche Probleme abzeichneten. Ich konnte nicht mehr schlafen, war total erschöpft und musste schnellstens in eine Klinik. Wir brachten den Umzug auf Etappen hinter uns, eine Betriebshelferin kam, während ich für fünf Wochen weg war. Außerdem kam in dieser Zeit die Austauschschülerin unserer ältesten Tochter aus den USA zu uns – ein total liebes und unkompliziertes Mädel.

Ich lernte in der Reha meine Grenzen wahrzunehmen, Grenzen zu ziehen und Nein zu sagen. In vielen

Gesprächen wurden mir Zusammenhänge klar, von über Generationen hinweg geltenden Familiensystemen, von schädlichen Verhaltensmustern und nicht erfüllten Erwartungen in Herkunfts- und Schwiegerfamilie. Gegen Ende der Rehamaßnahme fanden auch noch Gespräche zu dritt statt.

Das Einleben im neuen Haus, an einem neuen Ort und in unmittelbarer Nähe zu den Schwiegereltern fiel mir schwer. Ich arbeitete an mir und holte mir auch nochmals Hilfe. Nach der Einrichtung und Eröffnung des Hofladens – welcher erstaunlich gut angenommen wurde und mir damit auch ein eigenes, befriedigendes Arbeitsfeld bot – besserte sich mein Befinden. Ich lernte auch mein Arbeitsfeld vor äußeren Eingriffen zu schützen, meinen Arbeitsplatz und auch die Öffnungszeiten so zu gestalten, wie es für uns als Familie passte.

Inzwischen »mutierte« mein Ehemann zum Kommunalpolitiker (Stadtrat, Kreisrat) sowie Bauernverbandsvorsitzender für zwei Landkreise. In diesen Ämtern ist er bis heute viel unterwegs – ich nenne ihn dann öfters »meinen Krawattenbauern«. Während seiner Abwesenheit halte ich mit meinen Schwiegereltern, zwei Minijobbern und den Kindern den Betrieb mit erweitertem Weinbau, Ackerbau, Haus und Hofladen am Laufen. Ohne die Unterstützung meines Mannes im Hofladen geht es nicht, zur Entspannung nach anstrengenden politischen Zeiten und Themen übernimmt er jedoch lieber Arbeiten im Außenbetrieb.

Die Kinder werden älter, zwei sind im Studium, einer in der Ausbildung, zwei noch auf der Schule. Die Eltern und Schwiegereltern werden auch nicht jünger und manches wird für sie beschwerlicher, wo sie dann unsere Unterstützung brauchen. Die behinderte Schwester meines Mannes ist auch eine lebenslange Aufgabe und Sorge für meine Schwiegereltern. Ich will darauf vertrauen, dass es für uns alle eine tragbare Last bleibt.

Die letzten eineinhalb Jahre waren geprägt von massiven gesundheitlichen Einbrüchen meinerseits, es folgten mehrere Operationen. Außerdem erkrankte meine Mutter schwer an Krebs. Die Chemotherapien, die ihren körperlichen Abbau zur Folge hatten, versuchte ich so gut wie möglich gemeinsam mit meinen Geschwistern aufzufangen. Mama lebte in ihren letzten Wochen vor allem auf die Hochzeit ihrer ältesten Enkelin – unserer Tochter Rebekka – hin; zwei Wochen später konnten meine Eltern noch Goldene Hochzeit feiern, beide Festtage erlebte sie erstaunlich gut. Drei Wochen später starb sie – sie fehlt uns allen so sehr.

Die Gespräche mit meiner Mama in ihren letzten Wochen, die Art ihres Sterbens und der Abschiede, der Umgang von daran beteiligten Familienmitgliedern mit dieser Situation sowie die Zeit der Trauer, die sehr von der Hoffnung im Glauben geprägt ist, zeigen mir heute das Wesentliche im Leben auf: Menschen zu lieben und anzunehmen so, wie sie sind – mit ihrem Lebensweg, den sie hinter sich haben und der sie zu dem gemacht hat, wie sie mir heute begegnen.

Ich blicke zurück auf Zeiten der Gemeinsamkeit, des fröhlichen Schaffens, aber auch auf solche des Kampfes, manchmal auch der Mutlosigkeit. Große Dankbarkeit empfinde ich für Menschen, die mir und uns an den Weg gestellt wurden, die mitgetragen, beraten und gebetet haben, die für uns da waren als Freunde und als Mitglieder einer Großfamilie. Dankbar bin ich für diese Zeiten der Schwere, weil sie mir Tiefgang und Verständnis für meine Mitmenschen eröffneten. Ein großes Ziel meines Lebens ist und bleibt es, Spuren zu hinterlassen, die anderen hilfreich sind, und immer mehr an Weisheit und Liebe zuzunehmen.

Ein Leben in neuen Dimensionen

»Nächste Woche muss ich meinen Geburtstag feiern. Kriegst du das hin?«

Natürlich, was für eine Frage, dachte ich. Ich habe drei Kinder, selbst einen – aus meiner Sicht – großen Bekanntenkreis. Warum sollte ich nicht die Geburtstagsgäste beköstigen können?

Auf meine, noch völlig locker gestellte Gegenfrage: »Na, wie viele Gäste werden es denn so sein?«, kam eine Antwort, die mich allerdings kurzzeitig aus der Fassung brachte. »Ja, so ungefähr 40 bis 60 Personen, so genau kann ich das nicht sagen.« 20 bis 30, damit hatte ich schon gerechnet, aber 40 bis 60? Und das bei einem völlig »normalen« Geburtstag?! »Feiern alle Bauern so?«, war mein zweiter Gedanke. »Keine Schwäche zeigen, tief Luft holen und ganz ruhig bleiben!«, dachte ich mir. »Du errechnest dir, was du an Zutaten benötigst, und dann wird's schon werden.«

Es wurde auch – aber am Geburtstag, als Küche, Wohnzimmer und Diele voller Gäste waren, wurde ich doch ein bisschen nervös. Aber alles lief gut ab. Das Essen reichte, alle Gäste waren zufrieden.

Nun, diese völlig neuen Dimensionen ziehen sich in-

Kinderbild

zwischen seit zehn Jahren durch mein Leben an der
Seite eines vorher allein lebenden, stets nach neuen
Herausforderungen suchenden Landwirts. Habe ich
früher ein Päckchen Blumendünger gekauft, ordere ich
heute zentnerweise Düngemittel. Früher hatte ich keinen Umgang mit Tieren, heute sind es ein Hund, zwei
Katzen, über tausend Ferkel und fast hundert Mutter-
kühe mit ihren Kälbern. Hatte ich früher einen geregelten Alltag, richte ich mich heute, auch am Wochenende, nach der Jahreszeit und nach dem Wetter. Und
wenn selbst Jahreszeit und Wetter einen geregelten Tag
vermuten lassen, dann kommt irgendjemand in die Tür
und lässt diesen Tag wieder einmal ganz anders werden
als geplant.

Mein neues Leben stellte mich aber vor noch mehr neue Herausforderungen. Als gelernte Augenoptikerin und noch bis Anfang dieses Jahres im örtlichen Pfarramt arbeitende Sekretärin liebte ich den Umgang mit Menschen, aber Erfahrung im Ferkeltreiben und Kälbertränken hatte ich nicht. Auch die diversen Antragsverfahren und Tiermeldungen machten mir anfangs doch zu schaffen. Nie hätte ich gedacht, dass so viel Bürotätigkeit auch zum Beruf eines Landwirtes in der heutigen Zeit gehört. Aus meiner Kindheit, die meine Schwester und ich gern auf benachbarten Bauernhöfen verbracht haben, hatte ich das Leben in der Landwirtschaft doch etwas anders – beschaulicher – in Erinnerung. Wir durften bei der Zubereitung und Verteilung des Schweinefutters, das aus gedämpften Kartoffeln und Schrot bestand, helfen und liebten es, vom Scheunenbalken ins frisch eingefahrene, lose eingebrachte, duftende Heu zu springen. Und wenn wir unsere Mutter, die mit anderen Frauen des Dorfes bei unseren Nachbarn zum Kartoffelnsammeln oder Rübenhacken ging, begleiteten, genossen wir sehr die Kaffeepause am Grabenrand. Die belegten Brote oder der Kuchen schmeckten auf dem Feld besonders gut. Im Sommer, wenn auf der Weide gemolken wurde, durfte ich den Trecker vom Weidenanfang bis zum Melkstand fahren, was ich als sehr reizvoll in Erinnerung habe. Dass mir das zugetraut wurde, machte mich sehr stolz. Heute bieten die Schlepper doch so einiges mehr an Technik, was den Umgang für mich nicht unbedingt erleichtert.

Und wenn ich nur das Wort »Gabelstapler« höre, muss ich immer wieder an die Zeit zurückdenken, als wir erst kurz zusammen waren: Ich kannte noch nicht viel vom Hofleben, waren es bis dorthin doch meist private Besuche. Jetzt stand ich aber plötzlich vor der ernsthaften Aufgabe, mit dem Gabelstapler Saatgut vom Hoflager zum Feld zu bringen. »Der ist ganz einfach zu fahren«, lauteten die Anweisungen. Es störte niemanden, dass ich in meiner weißen Hose gar nicht zum Arbeiten gekommen war. Von der Bedienung her hatte ich keine Probleme, den Stapler zu fahren, aber was ich nicht wusste und was mir auch nicht gesagt wurde, war, dass sich die Lenkung des Staplers hinten befand. Leider waren die ersten 200 m meiner zurückzulegenden Strecke die Dorfstraße. Das für mich ungewohnte Fahrgefühl muss doch wohl deutlich sichtbar gewesen sein, denn der hinter mir herannahende Schulbus wurde verdächtig langsam und überholte mich sehr, sehr vorsichtig. Was der Busfahrer dachte, möchte ich besser nicht wissen!

Alles das sind nun neu erworbene Fähigkeiten, von denen ich vor meinem neuen Lebensabschnitt nicht im Ansatz geträumt hätte und die mir anfangs fast Alpträume verursacht hätten. Vielfältige Schwierigkeiten, die es als »Neuling in der Landwirtschaft« für mich gab, lösten sich nach und nach auf und endeten oft in Lob und Anerkennung.

Nach dem frühen Tod meines Mannes und wegen der engen Verbundenheit zwischen meinen Kindern und mir wollte ich die Entscheidung, zu einem Landwirt zu ziehen und die unterschiedlichen Arbeiten, die auf einem Hof anfallen, zu übernehmen, nicht alleine treffen. Es stellte sich mir die Frage: »Was werden denn die Kinder dazu sagen? Werden sie diesen Schritt mitgehen können?« Meine Tochter, zu der Zeit 16 Jahre alt, und meine Zwillinge, beides Jungen, zu der Zeit 14 Jahre alt, sollten sich mit eingebunden fühlen. Aber auch diese Bedenken zerfielen schicksalhaft. Von Anfang an fuhren meine Söhne nach Erledigung ihrer Hausaufgaben fast täglich mit dem Fahrrad zum 5 km entfernten Betrieb meines Lebensgefährten, um bei der Stallarbeit oder auf dem Acker zu helfen.

Mein einer Sohn ergriff dann mit Freude und Hingabe den Beruf des Landwirts. Kürzlich wurde die Ausbildung mit einem sehr feierlichen Abschluss als Landwirtschaftsmeister gekrönt. Der andere hat mit dem Beruf des Landmaschinenmechanikermeisters seinen – wie er sagt – »Traumberuf« gefunden. Auch meine Tochter hatte Spaß daran, in der Heu- oder Strohernte die Ballen mit dem Schlepper auf dem Feld zusammenzufahren. Heute steht sie uns immer dann zur Seite, wenn ich Vertretung oder wir Unterstützung benötigen. Sei es bei der Versorgung der Helfer beim Silofahren oder bei allen Fragen, die sich in bürokratischer Weise auftun. Ihre Kritik und ehrliche Meinung ist auch meinem Lebensgefährten sehr wichtig. Erst kürzlich, bei der letzten Silageeinfuhr, sagte sie: »Silofahren ist für mich Heimatgefühl pur, in dieser Zeit würde ich niemals in Urlaub fahren!«

Wie schon erwähnt ist mein Lebensgefährte ein Mann, der sich immer wieder neuen Herausforderungen stellt und sie aber auch sucht. 2001 kam zu dem landwirtschaftlichen Betrieb die Gründung eines weiteren Betriebes hinzu. 2009 folgte der Umbau eines über 200 Jahre alten Bauernhauses zu einem Wohnhaus mit Ferienwohnungen. Bei beiden Betrieben kann ich meine kaufmännischen Kenntnisse bestens einsetzen und bei dem Umbau meine kreative Liebe zum Gestalten. Ohne die Kosten aus dem Auge zu verlieren, oblag mir die Planung und Gestaltung der Wohnungen und nun die Vermarktung und Vermietung.

Wenn ich jetzt während der Heuernte in der Abendstimmung über die Wiesen hinter dem Elbdeich gehe, die Fischreiher würdevoll an den Tümpeln stehen und ich meine beiden Jungs mit meinem Lebensgefährten nebeneinandergehen sehe, dann weiß ich, ich bin zu Hause angekommen. Mein Weg ist klar gezeichnet in der Gegenwart und ich sehe mit einem Lächeln gespannt in die Zukunft, in unsere Zukunft hinter dem Elbdeich.

Nanna, Künstlertochter und Landwirtin,
Niedersachsen

Busse voller Bauern

Es ist Frühling. Der 21. meines Lebens. Wir stehen auf
dem Stoppelfeld meines Lehrherrn und wollen Gülle
ausbringen. Wir, mein Vater Cord und ich. »Nimm den
vierten Ackergang, dann die Zapfwelle einschalten und
da vorne mit dem kleinen Hebel machst du dann den
Schieber des Güllewagens auf«, erkläre ich meinem Vater. Er will lernen, wie man Trecker fährt. Der Case

Meine Kinder Marleen, Johann und Julius bei der Ernte 2010

brummt, die Pumpe des Wagens zischt und wir setzen uns langsam in Bewegung. Mein Vater ist hoch konzentriert und sieht zufrieden aus. Mein Vater ist ein Bauernsohn, aber ich bin keine Bauerntochter. Er hat einen vollkommen anderen Weg eingeschlagen als die Generationen vor ihm und ist Musiker geworden. Er hat als Junge lange Zeit um Klavierunterricht gebettelt, ehe er welchen bekam. Mein Großvater war zu der Zeit Verwalter auf der Staatsdomäne Grohnde bei Hameln, damals schon ein Großbetrieb, auf dem etwa 500 ha Land bewirtschaftet wurden. Es ist mit Sicherheit eher meiner in allen Belangen künstlerisch interessierten Großmutter zu verdanken, dass sie ihrem Sohn das Klavierspielen ermöglicht hat, als meinem Großvater, und zu damaliger Zeit war es eine kleine Sensation, dass ein Bauernlümmel eine Musikerkarriere einschlug. So sehr mein Vater auch um den Unterricht gebettelt hatte, fiel es ihm zunächst nicht leicht, seinen Traum zu verwirklichen. Er litt an starker Neurodermitis an den Händen und hatte während des Klavierspielens oft solche Schmerzen, dass er weglief und sich versteckte, wenn der Klavierlehrer auf den Hof zum Unterricht kam. Erst mit 14 Jahren besserten sich seine Beschwerden und er konnte ernsthaft üben. Als etwas älterer Jugendlicher verbrachte mein Vater seine Sommerferien mehr oder weniger vor dem Radio, wenn die Bayreuther Wagner-Festspiele übertragen wurden. Er studierte nach Abitur und Wehrdienst an der staatlichen Hochschule für Musik in Hannover zunächst Schulmusik, später Klavier und Dirigieren und lernte dort auch meine Mutter Birgit kennen. Lange Jahre war er als Schallplattenproduzent im Klassikbereich bei der Deutschen Grammophon und Sony beschäftigt und somit parallel als Produzent und als Künstler tätig. Künstlerisch spezialisierte mein Vater sich auf Liedbegleitung und bereiste während seiner Konzerttourneen und Schallplattenproduktionen alle Kontinente der Welt. Meine Mutter wuchs als Tochter eines Beamten in Nienburg/Weser auf. Musikalisch wurde sie durch ihren Vater geprägt, der schon als Junge oft Kinderarbeit verrichten musste und seinen mit der Geige durch Kneipen tingelnden Vater bis in die Nacht auf dem Klavier begleitete. Meine Mutter bekam bereits fünfjährig Klavierunterricht, zehn Jahr später kam noch Cello dazu. Der Beruf meines Vaters hat meine Kindheit sehr geprägt.

1974 als Jüngere von zwei Töchtern geboren, wuchs ich in Wohltorf am Stadtrand von Hamburg auf. Damals wie heute finde ich es schön, in einer Künstlerfamilie groß geworden zu sein, wenn es auch anstrengende Seiten mit sich brachte. Als Jugendliche schworen meine Schwester Annika und ich uns den Eid, dass keine von uns beiden jemals einen Künstler würde heiraten dürfen. Wir haben es eingehalten. Wir mussten als Kinder oft auf unseren Vater Rücksicht nehmen, was auch für unsere Mutter nicht immer einfach war. Der Tagesablauf war in vielen Punkten auf ihn ausgerichtet, und wenn er von seiner Arbeit bei der Deutschen Grammophon zurückkehrte, machte er oft eine späte Mittagspause, in der wir leise sein mussten, woraufhin er mehrere Stunden Klavier übte – wir mussten wieder leise sein, um ihn nicht zu stören! Zwischendurch war er viel auf Reisen und unsere Mutter mit uns Kindern zu Hause auf sich alleine gestellt. Schon meine Geburt wurde eingeleitet, weil mein Vater einige Tage später dienstlich verreisen musste. Auch Mama hat immer gearbeitet, zeitweise als Musiklehrerin am Gymnasium, und immer hat sie an den Nachmittagen zu Hause private Klavier- und Cellostunden gegeben. Da war also ebenso während des Unterrichtes Rücksichtnahme angesagt und zu nachmittäglichen Konferenzen musste sie uns oft mit in die Schule nehmen. Wir haben eine Menge Zeit damit verbracht, auf Papa zu warten, oft waren Unternehmungen nicht wirklich planbar und an vielen Dingen unseres Lebens nahm er nicht teil. Besuche bei meiner mütterlichen Verwandtschaft ersparte sich mein Vater ebenso wie das Nachmittagsprogramm von uns Kindern, meist auch Schulveranstaltungen und später Abschlussfeierlichkeiten von Schule und Berufsausbildung seiner Töchter.

Meine Mutter war da immer sehr präsent, auch vor längeren Fahrten scheute sie sich nicht, wenn sie mir damit eine Freude machen konnte. Als ich elf Jahre alt war, fuhr sie, die sich wirklich nichts aus Pferden macht, mit mir nach Essen zur Equitana, einer riesigen

Das Cello

Pferdeausstellung — ich war selig. Besonders im Gedächtnis geblieben ist mir auch unsere gemeinsame Reise nach Brüssel zur Europaschau der schönsten Holsteinkühe. Ich hatte mir in den Kopf gesetzt, unbedingt dabei sein zu müssen, und sie tat etwas, womit ich nie gerechnet hätte – sie kam mit. Wir verbanden also Kuhschau, Käse und Kultur und reisten in ihrem Peugeot 205 nach Belgien. Meine Mutter war beeindruckt, hätte sie doch niemals damit gerechnet, eines Tages zur deutschen Nationalhymne an den Standing Ovations für Europas schönste rotbunte Kuh teilzunehmen! Und das, obwohl sie die Schönheit einer Kuh bis heute eher danach beurteilt, ob diese lieb guckt oder schöne Locken auf der Stirn hat. Darüber hinaus war unsere Fahrt sehr lehrreich für meine Mutter, die sonst immer behauptete, ich würde »nach Kuh stinken«, wenn ich von der Arbeit kam. Nun lernte sie, dass eine frisch gestylte Schaukuh riecht, wie einer Parfümerie entsprungen, ein leckerer belgischer

Käse im Innenraum eines Autos bei Stau aber ziemlich belastend sein kann.

Mein Vater war beruflich oft sehr eingespannt und wir Kinder mussten ihn entbehren. Hatte er aber mal weniger zu tun, nahm er sich Zeit, spielte viel mit uns und baute tolle Sachen. Dabei war er immer sehr spontan. Wenn er eine Idee hatte, wurde sie möglichst sofort verwirklicht. In einer Hauruck-Aktion durften wir unsere Kinderzimmerwände selber bemalen und mit Handabdrücken verzieren, während Papa eine riesige Holzrutsche quer durch das Zimmer baute. Auch im Garten entstanden in kürzester Zeit ein tolles Spielhaus und ein großes Schiff, stets nicht mit der letzten Perfektion, aber schnell, fantasievoll und mit jeder Menge Spaß! Mit der gleichen Spontanität wurden immer neue Haustiere angeschafft. Papa war und ist auch ein exzellenter Geschichtenerzähler. Während unserer häufigen Spaziergänge in den nahe gelegenen Wald konnte er immer so spannend erzählen, dass wir Kinder das Gefühl hatten, im nächsten Moment würde ein Fuchs aus seinem Bau huschen oder ein Wildschwein hinter dem nächsten Baum hervorgucken. Besonders geliebt haben wir seine Geschichten aus Grohnde. Entweder fiktive Geschichten von zwei Jungen, die dort wohnten, oder seine erlebten Geschichten aus der Kindheit. Welche Streiche er und seine Brüder angestellt hatten und die Berichte über die Landwirtschaft auf der Domäne. Wie er abends nach getaner Arbeit auf dem blanken Rücken der Arbeitspferde saß, die ganz alleine in die Weser gingen, um sich zu erfrischen. Wie sie als Jungen auf von riesigen Raupenfahrzeugen gezogenen Pflügen saßen und mitfuhren. Wie der Kuhstall abbrannte. Wie sie die frisch gedämpften Schweinekartoffeln aßen. Wie Opa später bei der Zuckerfabrik arbeitete. Es gab so viele spannende Geschichten! In meinen ersten sechs Lebensjahren lebten meine Großeltern noch auf der Domäne, die in einer alten Ritterburg untergebracht ist. Dann konnte mein Opa im Winter die schweren Kohlen nicht mehr schleppen und sie zogen um. Unsere Besuche in Grohnde bei Oma und Opa sind unvergessen.

Kreistierschau Bad Oldesloe 1998

Kurz bevor wir das Ortsschild passierten, riefen meine Schwester und ich aufgeregt: »Da sind Opas Felder, da sind Opas Felder!«, auch wenn er diese damals schon lange nicht mehr bewirtschaftete. Eine besondere Faszination übte auf mich nicht nur die Weserfähre aus, sondern vor allem die Ponys, die sich auf der anderen Seite befanden. Dort habe ich mit etwa drei Jahren zum ersten Mal für den Preis von 50 Pfennigen auf einem Pferderücken gesessen und sollte von da an mein Leben lang nie genug davon bekommen. Knapp achtjährig bekam ich Voltigierunterricht, ein Jahr später richtige Reitstunden. Ich verbrachte auch außerhalb der Reitstunden viel Zeit im Stall. Prägend waren meine vielen Besuche auf einem Ponyhof in Dithmarschen, wo ich so gerne meine Ferien verbrachte. Als ich älter war, fuhr ich nicht mehr als Ferienkind auf die Pony-farm, sondern zum Helfen. Ich liebte die Stallarbeit! Kurz vor meinem elften Geburtstag bekam ich mein erstes eigenes Pony. Da meine Eltern wenig von Pferden verstanden, kam mein Opa mit zum Aussuchen, weil er sich als alter Landwirt natürlich ein Auge fürs Vieh bewahrt hatte. Meine Großeltern wohnten inzwischen in einem Nachbarort von Wohltorf und ich habe noch heute das Strahlen meines Opas vor Augen, wenn ich mit meinem Billy auf einen Besuch herüberritt. Leider gab es für mich eine Auflage, an die das Pony geknüpft war: Ich sollte weiter Cello spielen! Mit acht hatte ich freiwillig begonnen und die ersten Jahre auch Spaß daran. Aber auch als der Spaß langsam weniger wurde, musste ich mir mein Pony »erspielen«. Wenn ich mal überhaupt keine Lust zum Celloüben hatte, ging ich den Weg des geringsten Aufwandes und ließ meinen Kassettenrekorder mit Aufnahmetaste zum Einsatz kommen. Hinter verschlossener Tür kamen auch die geübten Ohren meiner Mama nicht dahinter, dass das Cellospiel nicht immer live war, sondern auch mal vom Band kam.

Den nächsten richtigen Kontakt zur Landwirtschaft hatte ich im Alter von vierzehn Jahren während eines Wanderrittes, den meine Freundinnen und ich gemeinsam mit den Eltern der einen unternahmen. In ein paar aufeinanderfolgenden Jahren ritten wir jeweils in mehreren Tagen von Hamburg bis ins Wendland, wo wir auf dem Bauernhof der Familie Steffen in Dannenberg unser Hauptquartier bezogen. Auf dem kleinen Gemischtbetrieb gab es neben 20 Pferden auch 20 Sauen und zwölf Kühe. Wie gerne fuhren wir mit dem kleinen Trecker mit zur Weide zum Melken, halfen beim Füttern und Treiben der Kühe, beim Strohabladen und Kälbertränken. Ich weiß noch heute, wie die lauwarme Milch schmeckte, die wir uns in den Mund laufen ließen, bevor wir die Milchrohre nach getaner Arbeit wieder auf den Trecker luden. Erinnere den sauren Geruch meiner Freundschaftsbänder, wenn man eine Woche lang beim Kälbertränken geholfen hatte. Und den Geruch des Backhauses, wenn die Bäuerin frisches Brot gebacken hatte, welches dann in der Bauernküche an einem riesigen Holztisch gemeinsam gegessen wurde. Es war immer selbstverständlich, dass alle Reitersleute auch zum Essen eingeladen wurden. Hier galt wirklich das Motto: »Fünf sind geladen, zehn sind gekommen, gieß Wasser zur Suppe, heiß alle willkommen!« Noch heute, mehr als zwanzig Jahre nach unserem ersten Urlaub dort, spüre ich eine Verbundenheit zu diesem kleinen Hof im Wendland, der mir in meiner Jugend so viel Glück bescherte. Alle paar Jahre mache ich mich auf den Weg, um bei Steffens mal »nach dem Rechten zu schauen«. Langsam kam ich in das Alter, in dem man sich Gedanken über die berufliche Zukunft macht. Mein Herz schlug sehr für ein Studium der Tiermedizin, aber meine naturwissenschaftliche Unbegabung ließ mich zweifeln. So ließ ich mich erst einmal treiben, ohne wirklich zu wissen, was nach dem Abitur werden sollte. Mir wurde auch immer klarer, dass ich mit meinem voraussichtlichen Notendurchschnitt niemals sofort einen Studienplatz bekommen würde. Eines Tages machte mir meine Mutter so ziemlich aus heiterem Himmel den Vorschlag, ich könne doch auch eine landwirtschaftliche Lehre beginnen. So sehr ich den Kontakt zur Landwirtschaft immer genossen hatte, hatte ich doch nie mit dem Gedanken gespielt, sie zum Beruf zu machen. Meine erste Reaktion war also eher Empörung. »Und dann? Soll ich etwa einen Bauern heiraten?«, hielt ich meiner Mutter entgegen. Doch sie erzählte mir von der Schwester ihrer Freundin, die in Braak, zwölf Kilometer von Wohltorf entfernt, mit ihrem Mann einen Milchviehbetrieb bewirtschafte und noch eine freie Lehrstelle habe. Da es nur noch wenige Wochen bis zum Abitur waren und mir allmählich der Schuh drückte, weil ich mich noch zu nichts entschlossen hatte, machte meine Mutter für mich einen Termin bei Familie Menzel und wir fuhren zum Vorstellungsgespräch. Menzels zeigten mir ihren Hof, den Anbindestall für die 39 Milchkühe, die Maschinen, den Kälberstall. Wir kamen auch zum Bullenstall, wo – ganz in eine moosgrüne Gummiuniform gehüllt und mit dreckverschmiertem Gesicht – Menzels Auszubildende Susanne dabei war, ein leeres Stallabteil mit dem Hochdruckreiniger zu waschen. Erst viele Jahre später erzählte mir Susanne, mit der ich inzwischen eng befreundet war, dass ihr Lehrherr und sie mich damit ein wenig testen wollten. Denn natürlich hatten sie Bedenken, zum einen, ob ich wohl auch so klein und zierlich wäre wie meine Mutter (war ich aber nicht!), zum anderen, ob mich als Künstlertochter eine solche Drecksarbeit nicht abschrecken würde (tat sie aber nicht!). Ich fühlte mich wohl bei Menzels, unterschrieb den Lehrvertrag und begann am 1. August 1993 meine Lehre zur Landwirtin in dem Glauben, Wartesemester für ein späteres Tiermedizin-Studium anzusammeln. Nach zwei Wochen Lehrzeit hatte sich mein Glaube an die Wartesemester in Luft aufgelöst. Ich wollte Landwirtin werden und nichts anderes – und am liebsten mal einen Bauern heiraten! Die Arbeit mit den Kühen machte mir besonderen Spaß. Schon nach einer Woche des Lernens durfte ich nachmittags alleine mit dem kleinen Melkertrecker zur Weide fahren und die Kühe dort im Weidemelkstand melken. Das klappte meistens auch sehr gut, ab und zu lief mir eine recht wilde Kuh mit dem unpassenden Namen »Mon Cherie« davon, ohne dass ich sie melken konnte, und Herr Menzel wunderte sich am nächsten Morgen über deren besonders pralles Euter. Weniger gut klappte das Abpumpen der Milch in den großen Milchtank, wenn ich wieder auf dem Hof angekommen war. Ich hatte doch bis zum Beginn meiner Ausbildung noch nie einen Trecker selbst gefahren, und das konnte ich auch nicht verleugnen, mir fehlte es hier schlicht und ergreifend an Übung. Man musste nämlich rückwärts mit Trecker und Melkanhänger an die Tür der Milchkammer fahren und die Gummischläuche zusammenstecken, durch welche die Milch in den Kühltank gepumpt wurde. Die optimale Verbindung der Schläuche gelang aber nur dann, wenn man exakt den optimalen Weg rückwärts eingeschlagen hatte. Hatte man das nicht, platzten beim Anstellen der Pumpe die Schläuche auseinander und die Milch ergoss sich statt in den Kühltank auf den Hof! Ich konnte eine gewisse Schadenfreude ja nicht leugnen, wenn auch beim Chef selten einmal die Schläuche auseinanderplatzten. Aber mit mir kam es noch schlimmer, denn ich bekam einen neuen Feind in Form eines Güllewagens. Der Vorratsbehälter für die Gülle befand sich mitten auf dem Hof, und zwischen Stallungen und ebendiesem Behälter gab es nur eine schmale Durchfahrt. Dann musste man den Güllewagen auch noch exakt unter das Standrohr fahren, aus dem er mit der Gülle befüllt werden sollte. Man musste sofort richtig treffen, Rangieren war aufgrund der Enge kaum möglich, und wenn man auch noch den Trecker mit Frontlader vor den Wagen gespannt hatte, lief man darüber hinaus noch Gefahr, beim Vorfahren in der Kurve das Dach des Bullenstalls aufzuspießen. Mir standen die Tränen in den Augen, weil ich es einfach nicht schaffte, und Herr Menzel muss wohl genauso verzweifelt gewesen sein wie ich, denn der August war eine arbeitsreiche Zeit und ich brauchte für vieles einfach doppelt so lange wie er. Trotzdem haben wir beide nicht aufgegeben, und nachdem er mir mit Sägemehl die exakte Fahrspur vorgestreut hatte, ging es immer besser. Es sei denn, ich vergaß, den Deckel des Güllewagens zu öffnen und die Gülle schoss mit Wucht aus dem Standrohr auf den geschlossenen Deckel. Dann nahm ich unweigerlich eine Gülledusche. Im Laufe der Zeit ging mir die Arbeit mit den Maschinen leichter von der Hand. Ich durfte alle Ackerarbeiten auch eigenständig erledigen und Herr Menzel drückte oft ein Auge zu, wenn ich nicht gemerkt hatte, wie sich der Pflug aus Versehen verstellt hatte oder ich nach dem Rapsdrillen vergaß, die Spuranreißer der Drillmaschine einzuklappen. Dass während des Nachhauseweges auf einer stark befahrenen Straße dabei sowohl die entgegenkommenden Autos als auch die Drillmaschine keinen Schaden nahmen, grenzt an ein Wunder. Nur die enge Durchfahrt zwischen der Werkstatt und dem Güllebehälter auf dem Hof wurde mir noch zum Verhängnis und der eine Spuranreißer verbog sich, der Güllepott bekam eine Delle.

Mit Menzels Kuhherde verschmolz ich während meiner zweijährigen Lehrzeit quasi zu einer Einheit. Von jeder Kuh kannte ich Namen und Geburtstag, Milchleistung und Charaktereigenschaften sowie ihre Nachkommen. Geliebt habe ich alle, und einige sind mir besonders, vielleicht sogar ein wenig zu sehr ans Herz gewachsen. Da war meine Lieblingskuh »Rassel«, eine vorwitzige Schwarzbunte mit einem kleinen Horn auf der einen Seite und einer Vorliebe für Negerküsse und Kekse, die ich ihr manchmal von zu Hause mitbrachte. Da war »Pille«, die sich ihr Vorderbein in der Anbindekette schwer verletzte und die ich über Wochen mehr oder weniger gesund pflegte. Leider ging es ihr nach einigen Monaten wieder schlechter und unter meinen Tränen trat sie ihre letzte Reise an. Eine ganz besondere Kuh war dann noch »Edith«. Klein, knochig, mit einem riesengroßen Hängeeuter unter dem Bauch war sie ein Ausbund an Zähigkeit und gebar Jahr für Jahr ein Kalb, insgesamt 17 an der Zahl. Da später, als auch Edith nicht mehr tragend wurde, niemand – weder Chef noch Chefin noch irgendein Lehrling oder Exlehrling – dazu bereit war, Edith auf den Viehtransporter gen Schlachthof aufzuladen, blieb sie und bekam ihr Gnadenbrot.

Einmal in der Woche mussten wir Lehrlinge zur Berufsschule nach Bad Oldesloe. Mit einer weiteren weiblichen Ausnahme saß ich dort in einer Klasse mit lauter

Im Weizenfeld 2009

Jungs, in der es mir auf Anhieb recht gut gefiel. Auch in
der nach der Lehrzeit folgenden Ausbildung in der
Landwirtschaftsschule und der Höheren Landbauschule war ich stets eines von zwei Mädchen in der
Klasse. Als etwas gewöhnungsbedürftig empfand ich
nur die Fahrten zu Landwirtschaftsmessen oder die
Klassenreisen in einem Bus voller Bauern. Nach der ersten halben Stunde war die Hälfte der Mitfahrer voll-
trunken, es wurden wilde Lieder gegrölt oder der Bus
vollgespuckt. Einige waren dann nicht mehr in der
Lage, an den geplanten Besichtigungen teilzunehmen.
Aber man gewöhnt sich mit der Zeit an alles und ich
legte mir ein reichlich dickes Fell zu, was Busse voller

Bauern betraf. Den Sommer zwischen Gesellenprüfung und Landwirtschaftsschule verbrachte ich damit, bei unserem Lohnunternehmer Matthias auszuhelfen. Ich fuhr den Trecker mit Rundballenpresse oder Rundballenwickelgerät, mal wieder als einzige Frau unter Männern. Oft gesellte sich jedoch nach Feierabend Susanne auf ein Alsterwasser zu uns, die in ihren Semesterferien in der Druckerei ihres Vaters arbeitete. Es dauerte nicht lange, und Susanne und Matthias waren ein Paar. Die Liebe zur Landwirtschaft hatte sie zusammengeführt, die Tochter eines Druckereibesitzers und einer Drogistin und den Pastorensohn! Sie leben heute mit ihren Kindern zusammen in Braak und sind meine Anlaufstelle, wenn ich mal wieder Braaker Luft brauche. War das Wetter zu schlecht, um Rundballen zu pressen, fuhr ich bei Karin mit. Karin war Menzels Hoftierärztin, und nachdem wir die anfängliche Scheu voreinander verloren hatten, wurden wir ein eingespieltes Team in der Behandlung kranker Kühe. Sie klapperte alle umliegenden Höfe ab, auf denen eine Kuh lahm war, nicht fressen wollte, nicht alleine kalben konnte oder ein Kalb krank war. Ich versuchte, ihr dabei so gut es ging zur Hand zu gehen, und lernte eine Menge von ihr. Mein züchterisches Interesse wurde auf dem Betrieb von Ute und Walter Fischer geweckt, der nur wenige Kilometer von Braak entfernt lag. Hier durfte ich bei der Vorbereitung der Kühe für Schauen und Viehauktionen helfen und bekam von Walter und seinem Sohn Christian ein umfassendes Fachwissen über die Rinderzucht geschenkt. Durch Christian bekam ich auch Kontakt zum Jungzüchterclub des Rinderzuchtverbandes, in dem ich jahrelang Mitglied und auch eine Zeit im Vorstand tätig war. Einen besonderen Eindruck hat Ute Fischer bei mir hinterlassen. Wie sie die Arbeit im Melkstand, im Haushalt und am Backofen (sie beliefert ein Landcafé mit Torten) schaffte und schafft, ist mir bis heute ein Rätsel. Noch mehr, wie es einem dabei gelingt, fast immer gut gelaunt und gastfreundlich zu sein. In der Pause zwischen Klauenpflege und Kühewaschen hatte sie immer leckeren Kuchen für alle und war die Seele des Betriebes.

Die ersten Kontakte zu meinem späteren Arbeitgeber, dem Rinderzuchtverband in Neumünster, hatte ich durch die Jungzüchterarbeit geknüpft. 1998 begann ich, aushilfsweise auf Schauen und bei Fototerminen mitzuarbeiten. Alle paar Wochen kam ein hauptberuflicher Kuhfotograf aus Holland angereist, um auf den Zuchtbetrieben oder der Besamungsbullenstation Bilder für Werbezwecke zu machen. Hätte mir jemand ein paar Jahre zuvor gesagt, dass es den Beruf des Kuhfotografen gibt – ich hätte ihm einen Vogel gezeigt! Es waren zahlreiche Helfer nötig, um die (oft sehr wilde) Kuh oder den Bullen vorher zu waschen, zu scheren und in Szene zu setzen. Wir waren ein lustiges Team von fünf bis acht jungen Leuten und hatten auf unseren Fototouren jede Menge Arbeit und jede Menge Spaß. Ich war meistens dafür zuständig, während des Fotografierens die Aufmerksamkeit des Rindviechs zu erregen, damit der Blick mit gespitzten Ohren geradewegs zur Kamera ging. Dazu musste man sich schon einiges einfallen lassen und mit der Zeit eignete ich mir viele verschiedene Arten zu muhen an – vom kranken Kalb bis zum wilden Bullen reichte das Repertoire.

Gleich zu Beginn meiner Lehrzeit hatte Susanne mir berichtet, dass es für eine Auszubildende in der Landwirtschaft wichtige Partys gab, die man keinesfalls verpassen durfte. Zwei der bedeutendsten Dorfdiscos befanden sich in den Kuhdörfern Nusse und Klinkrade. Da Susanne an meinem ersten Sonntagabend, den ich in Nusse verbringen sollte, leider verhindert war, begleitete mich meine beste Freundin Katrin aus Hamburg, die mich auch oft bei Menzels besuchte, um mir beim Melken zu helfen. Dieser erste Dorfdiscoabend schockierte uns zutiefst. Es ging damit los, dass wir, in Nusse angekommen, beim besten Willen keine Disco finden konnten, und das, obwohl das Dorf wirklich nicht allzu groß war. Schließlich blieben wir vor einem Dorfgasthof stehen und fragten ein paar junge Leute nach dem Weg. Wie sollten wir auch wissen, dass eine Dorfdisco eben nicht ein Schnurrhaar mit einer der Discos auf der Hamburger Reeperbahn gemeinsam hat, in denen wir bislang unsere Freitag- oder Samstagabende verbracht hatten? Peinlicherweise stellte sich also heraus, dass wir exakt vor dem von uns gesuchten Objekt standen. Wir trauten uns trotzdem hinein, standen plötzlich mitten in einer miefigen, spießigen kleinen Dorfgaststätte und aus den Lautsprechern dröhnte uns Wolfgang Petry entgegen. Wir waren entsetzt! Was uns ebenfalls in großes Erstaunen versetzte, war die Tatsache, dass hier überwiegend paarweise getanzt wurde. So etwas kannten wir höchstens aus der Tanzstunde, aber nicht aus der Disco. Das sehr dörfliche Publikum tat sein Übriges dazu, dass wir Siemers Gasthof bereits nach einer Stunde wieder verließen und uns vornahmen, Susanne bei der nächsten Gelegenheit zu fragen, ob dieser Ausgeh-Tipp ernst gemeint gewesen war. Ich weiß eigentlich gar nicht mehr, wie es dazu kam, dass Katrin und ich viele Wochen später zu einer Faschingsparty in die Nusser Bauerndisco aufbrachen, aber es hat sich gelohnt, denn diesmal trafen wir ein paar Bekannte und fühlten uns schon sichtlich wohler als beim ersten Besuch. So ergab es sich, dass wir von da an viele Sonntagabende (um Punkt 1 Uhr nachts schloss der Laden – die Bauern mussten ja am nächsten Morgen früh raus) in Nusse und so manchen Samstagabend in einem ähnlichen Etablissement in Klinkrade oder auf diversen Dorf-Zeltfesten verbrachten und uns im Kreise der jungen Leute vom Land bald sehr viel mehr zu Hause fühlten als in der Stadt; es war viel persönlicher, nicht so anonym. Das junge Landvolk war aufgeschlossener als das städtische Discopublikum und die Bauernjungs auch noch so zuvorkommend, dass sie einen in Hinsicht auf die Getränke den Abend über freihielten. Auf der Suche nach einem netten Milchviehbauern fürs Leben scheuten wir uns auch nicht, diese zu fortgeschrittener Stunde nach der Höhe ihrer Milchquote auszufragen. Daraus ergaben sich bei Katrin, Susanne und mir einige nette Bekanntschaften mit verschiedenen Kuhbesitzern, die jedoch meist nicht von längerer Dauer waren.

Im April 1999 hatte ich meine Suche nach einem Kuhbauern fürs Leben vorübergehend eingestellt, da ich nach Beenden der Höheren Landbauschule im Spätsommer für einige Monate zu einem Praktikum auf einer Milchviehfarm in die USA aufbrechen wollte. Einige nette Partys wollten wir bis dahin aber noch gemeinsam verbringen, und so machten Katrin und ich uns eines Abends auf den Weg nach Rendsburg zur Astafete der Agrarstudenten an der dortigen Fachhochschule. An diesem Abend traf ich jede Menge Leute, Bekannte und Unbekannte. Ich führte gerade ein nettes Gespräch mit einem sympathischen Milchviehbauern, der, wie ich bereits herausgefunden hatte, über 1 000 Kühe sein Eigen nannte, da grüßte mich von der Seite Morten, den ich vage aus der Berufsschule kannte, wo er ein Jahr nach mir die Prüfung abgelegt hatte. Eigentlich hatte ich ihn damals als arrogant abgehakt, aber nun zog er mich, nachdem wir ein wenig geschnackt hatten, auf die Tanzfläche und das Schicksal nahm seinen Lauf. Obwohl ich im Laufe des Abends herausgefunden hatte, dass Morten tatsächlich keine einzige

Kuh besaß, wurden wir ein Paar und ließen uns auch durch mein mehrmonatiges Praktikum in Wisconsin nicht auseinanderbringen. Während meiner Zeit dort bekam ich ein Stellenangebot vom Rinderzuchtverband und trat nach meiner Rückkehr zum Jahresbeginn 2000 meine Arbeit als Zuchtberaterin in Neumünster an. Ich war überwiegend im Außendienst beschäftigt, half Landwirten von Föhr bis Lauenburg bei der Auswahl der richtigen Zuchtbullen für ihre Kühe, betreute Kühe auf Schauen und Ausstellungen und organisierte die Fototermine. Es war eine Arbeit, die ich liebte und auch heute noch oft vermisse. Aber auf Dauer war die Entfernung zwischen Mortens Betrieb in Riestedt bei Uelzen, auf dem ich inzwischen wohnte, und meiner Arbeit in Neumünster zu groß. Das Problem löste sich dann sozusagen von selbst, als wir unser erstes Kind erwarteten. Im März 2003 feierten wir eine zünftige Landhochzeit und während der Gerstenernte wurde im Juli unsere Tochter Marleen geboren. Nach der Gerstensorte mit Namen »Theresa«, die die Männer am Vortag gedroschen hatten, bekam Marleen dann auch ihren Zweitnamen. Später folgten unsere Jungs Johann und Julius. Bevor ich auf Mortens Hof umgesiedelt war, war das riesige Bauernhaus umgebaut worden, um für seine Eltern eine separate Altenteilerwohnung zu schaffen. Das war sowohl uns als auch meinen Schwiegereltern gleichermaßen wichtig. Das enge Zusammenleben ist auch so manchmal nicht einfach. Ich war froh, dass ich meine

Pferde mit auf den Hof nehmen konnte. Obgleich ich mich nicht unbedingt einsam fühlte, nahm ich doch ein Stückchen Heimat mit in mein neues Leben auf dem Hof, der in einer GbR als reiner Marktfruchtbetrieb bewirtschaftet wird. Dass die Pferde am Hof stehen, hatte allerdings auch Nachteile, das Knüpfen neuer Kontakte wäre in einem Pensionsstall einfacher gewesen. Eigentlich lernte ich erst durch die Kinder nach und nach Leute aus der Umgebung kennen. Auch mein Mann hatte durch Bundeswehrzeit, Lehrzeit und Studium in Schleswig-Holstein mehr Freunde in meiner alten Heimat als in seiner eigenen. Mittlerweile habe ich hier in unserer dörflichen Umgebung einen sehr lieben Freundeskreis. Fast alle meiner Freundinnen haben mit Landwirtschaft zu tun, sind Bauerntöchter oder Bauersfrauen.

Mit meinen Bekannten aus Schulzeiten habe ich fast keinen Kontakt mehr, die einzigen Freundinnen, die nicht direkt etwas mit Landwirtschaft zu tun haben, habe ich durch die Reiterei kennengelernt. Als Jugendliche habe ich es sehr geschätzt, am Stadtrand von Hamburg aufzuwachsen, unser Dorf hatte S-Bahn-Anschluss in die Stadt, was natürlich für unser jugendliches Nachtleben von unschlagbarem Wert war. Jetzt vermisse ich die Großstadtnähe nicht. Ich fühle mich sehr wohl in unserem kleinen niedersächsischen Kaff mit 120 Einwohnern und Uelzen reicht mir als Stadt meistens vollkommen aus. Wenn nicht, ist es nach Lüneburg auch nicht so weit oder ich fahre nach Hamburg, wenn ich mit unseren Kindern meine Eltern in Wohltorf besuche. Für mich ist es hier weder einsam noch langweilig. Wir haben unendlich viel Platz, sowohl im Haus als auch im Garten. Hier ist die Heimat meines Mannes und meiner Kinder und hier ist auch meine zweite Heimat. Ein kleines Manko ist sicher die viele Fahrerei, egal ob zum Kindergarten, Schwimmbad, Bäcker, Supermarkt oder Freunden, man ist fast immer auf das Auto angewiesen. Da es aber unseren Freunden und Bekannten ähnlich geht, nimmt man auch oft andere Kinder mit oder die eigenen werden abgeholt. Überhaupt finde ich es am schönsten, wenn unsere Kinder viel Besuch haben. Je mehr Kinder hier sind, umso toller spielen sie. Neulich war eine meiner Freundinnen hier und wir haben wirklich in aller Ruhe zusammen eine Torte gebacken und in Haus und Hof spielten neun Kinder im Alter von zwei bis zehn! Manchmal denke ich daran, wie unser Leben wäre, wenn wir einen Milchviehbetrieb hätten. Mir ist klar, dass wir in Bezug auf unsere Lebensqualität eine Menge Vorteile haben, weil wir einfach ungebundener sind, als wir es mit Kühen wären. Es ist schön, im Winter auch mal einige Wochen durchzuatmen, wenn außer Büroarbeit und ein paar Reparaturen nichts gemacht werden muss. Es ist auch schön, die Freiheit zu haben, spontan mal wegfahren zu können, um Freunde zu besuchen oder mit den Kindern einen Ausflug zu machen. Zum Glück war meinen Kollegen vom Zuchtverband klar, dass für mich ein Leben ganz ohne Kühe einfach nichts ist, und sie schenkten uns zu unserer Hochzeit ein schwarzbuntes Kuhkalb aus der Herde von Fischers, des Betriebes, auf dem ich seinerzeit mit der Rinderzucht in Berührung gekommen war. Und damit war Morten schließlich doch noch ein »Kuhbauer«. Heute haben wir fünf weibliche Nachkommen aus diesem Kalb, die bei Freunden untergebracht sind und mir viel Freude machen. Zeitweise bin ich bei unserem Nachbarn aushilfsweise zum Melken gegangen. Marleen saß dabei manchmal in einem Tragesack auf meinem Rücken oder in einer kleinen Schaukel, die ich im Melkstand aufgehängt hatte. Von Zeit zu Zeit schreibe ich noch Reportagen für das Rinderzuchtjournal meiner Firma in Neumünster. Und oft bin ich ein bisschen wehmütig, wenn ich mit Kindern, Haushalt und Gemüsegarten zu Hause sitze und Morten am Ackern ist. Gerne würde ich auch mal mit ihm tauschen, aber er macht seine Außenarbeiten lieber selbst. Im Sommer bringen die Kinder und ich ihm Kaffee oder Abendbrot aufs Feld. Überhaupt glaube ich, dass es für die Kinder großartig ist, auf einem Hof aufzuwachsen. Sie haben viel von ihrem Papa, selbst wenn er in der Saison von morgens früh bis in die Nacht hinein arbeitet. Dann sehen sie ihn zu den Mahlzeiten und fahren gerne auf dem Trecker und noch lieber auf dem Mähdrescher eine Weile mit. Außerdem sehen sie die Arbeit, die Morten tut, und sie können in der Regel auch nachvollziehen, warum er sie tut. Auch heutzutage im Zeitalter moderner Technik in der Landwirtschaft empfinden wir es als einen schönen und stimmigen Beruf, in dem man von, mit und für die Natur lebt. Manchmal ist gerade das nicht leicht, vor allem während extremer Wetterlagen. Im vergangenen Jahr hörte es nach der Rübenbestellung im April auf, nennenswerte Mengen zu regnen. Um das Getreide und die Rüben einigermaßen bei Laune zu halten, mussten Morten und sein Vater die Beregnungsmaschinen in Gang bringen und konnten sie erst nach der Gerstenbestellung im September wieder abdrehen. Dazwischen lagen Berge von Staub und extrem viel harte Arbeit, die täglich bis in die späten Abendstunden ging, und Marleens größter Geburtstagswunsch waren 20 mm Regen! Danach begann es zu regnen und wollte und wollte nicht wieder aufhören, bis die frisch bestellten Weizenfelder Reisplantagen glichen. Dabei die Nerven zu behalten, fällt Morten oft schwer, und das drückt auf unser aller Stimmung. Und trotz alledem ist es ja auch gut, dass wir Menschen nicht alles bestimmen können und dass wir uns als Landwirte eben auf die Natur einstellen müssen, ganz gleich, ob wir einen Vieh- oder einen Ackerbaubetrieb bewirtschaften. Dieses enge Zusammenleben mit der Natur hat mir, die ich als Kind eher ungläubig war und auch keiner Konfession angehöre, den Herrgott irgendwie ein Stückchen nähergebracht. Als einzige wahre Schattenseite unseres Berufes empfinde ich es, dass man die viele Arbeit bei den seit Jahren fast konstant niedrigen Preisen für Getreide, Fleisch und Milch nicht angemessen entlohnt bekommt. Es macht mich auch wütend, wenn ich höre, wie manche Leute in anderen Berufen sich aufregen, weil sie mal ein paar Überstunden machen müssen. Aber das sind nur Kleinigkeiten, sowohl Morten als auch ich haben uns ja bewusst für die Landwirtschaft entschieden und lieben das Leben auf unserem Hof. Auch unsere Kinder tun es, und was sie daraus einmal machen werden, sei ihnen überlassen. Marleen ist jetzt sieben und liebt ihre Ponystute heiß und innig. Für Trecker hat sie nicht allzu viel übrig, nur der Mähdrescher hat es ihr angetan. Seit einigen Monaten hat sie Geigenunterricht und Anfang des Jahres haben Morten und ich mit ihr zum ersten Mal ein Konzert besucht, in dem mein Vater dirigierte. Sie war begeistert. Obwohl ich selber einen anderen Weg eingeschlagen habe als meine Familie, rührt es mich, dass Marleen viel Freude an der Musik hat. Da geht es mir wahrscheinlich ähnlich wie meinem Vater, der sich für einen ganz anderen Weg entschieden hat als seine Vorfahren und es trotzdem oder gerade deswegen schön findet, dass ich zu den landwirtschaftlichen Wurzeln der Familie zurückgefunden habe. Deswegen wollte er auch unbedingt mit mir zusammen Gülle fahren. Deswegen träumt er schon lange davon, mir beim Zäunebauen zu helfen, wenn er alt ist (schade eigentlich, dass man für drei Pferde gar nicht so viele neue Zäune braucht …). Deswegen ruft er während einer Trockenzeit auch gerne schon morgens um 7 Uhr bei mir an, um voller Mitgefühl zu fragen, ob es denn endlich geregnet habe bei uns. Johann und Julius sind erst vier und zwei Jahre alt und momentan nahezu verrückt nach Treckern. Johann hat von mir außerdem eine besondere Verbundenheit zu Kühen in die Wiege gelegt bekommen und antwortet auf die Frage nach seinen Lieblingstieren stets »Kühe und Kälbern und Bullens!«. Welchen Weg unsere drei einmal einschlagen werden, wissen wir natürlich nicht. Insgeheim wünschen wir uns vielleicht schon, dass eines unserer Kinder eines Tages noch etwas mit Landwirtschaft zu tun haben wird. Gleichwohl hoffe ich inständig, dass es mir gelingen wird, sie in ihrem Weg zu bestärken, egal ob sie Bauer, Bäcker, Mediziner oder Musiker werden wollen. Denn so haben es meine Eltern getan. Mich nicht nur meinen Weg gehen lassen, sondern mich auch in meinem Weg bestärkt, weil sie wussten, dass dieser Weg gut für mich war. Dafür bin ich ihnen über alles in der Welt dankbar!

Sprung ins kalte Wasser

»Ach ja, wer weiß, wo es dich später mal hin verschlägt.«
Sagte meine Mutter immer wehmütig, wenn wir uns
über meine Zukunft nach dem Abi Gedanken machten.
Wie viele meiner Mitschüler wusste ich damals noch
nicht, in welche berufliche Richtung ich gehen sollte.
Eins stand jedoch fest: auf jeden Fall studieren. Wozu
machte ich denn sonst mein Abitur?

Als geborenes Stadtkind verbrachte ich meine gesamte Kindheit und Jugend in Leipzig. Das Stadtleben
war für mich so selbstverständlich wie das tägliche Zäh-
neputzen, es gehörte einfach so. Ich hatte eine glückliche Kindheit mit liebevollen Menschen um mich herum. Auch wenn meine Mutter damals viel zu tun hatte
mit ihrem Studium und der Arbeit, so hatte sie dennoch immer Zeit für mich. Wir gingen wohl fast jeden
Tag auf den »Vogelspielplatz«, damals war das meine
Lieblingsbeschäftigung. Später setzte sie alles daran, um
mir ein erfolgreiches und erfülltes Leben zu ermögli-
chen. Und egal was ich tat – während ich lernte, Musik
spielte und tanzte oder einfach mal bockte –, sie liebte
mich so, wie eine Mutter das nicht besser könnte. Und
das ist auch heute noch so. Meine Eltern waren trotz

Scheidung immer für mich da – wenn ich sie brauchte oder auch nicht. Heute bin ich selbst Mutter und weiß, wie schwer es ist, mal nicht gebraucht zu werden (denn Eltern fühlen sich immer unheimlich wichtig). Auch mein Vater war immer sehr liebevoll zu mir. Ihm habe ich es zu verdanken, dass ich heute weiß, wie man mit einem Hammer umgeht, wie man Fahrradreifen flickt und die Natur liebt, denn wir waren immer und bei fast jedem Wetter an der frischen Luft. Und noch etwas unheimlich Wichtiges für mein Leben konnte ich von ihm und seiner Familie lernen: wie man sich streitet und wieder versöhnt.

Eine besondere Rolle in meinem Leben spielte auch

Urlaub unter freiem Himmel – Sommer 1990

meine »Böhlitz-Oma«. Dort war ich oft am Wochenende und wenn Mama sich auf ihr Studium konzentrieren musste. Ich genoss die Zeit sehr, die ich mit ihr damals verbrachte – ich bin ihr heute sehr dankbar für ihre schier unendliche Geduld, wenn ich das Badezimmer zum hundertsten Mal in einen Einkaufsladen verwandelte. Später genossen wir gemütliche Bummel durch die Innenstadt, die am Ende immer in »unserem« Eiscafé mit einer Riesenportion Eis gekrönt wurden.

Doch nun noch mal einen Schritt zurückgeblickt, in die Zeit vor der Wende, denn ich bin ein Kind der letzten DDR-Generation, das noch ein wenig von dieser wahnwitzigen Epoche mitgenommen hat. An die Mai-Demo vor der Leipziger Nikolaikirche kann ich mich nur noch verschwommen erinnern und auch der Fall der Mauer hatte für mich als Kind noch keine Bedeutung. Später wurde ich oft gefragt, ob ich mich noch an die Zeiten vor der Wende erinnern könne. Was ich mitgenommen habe, ist die Erinnerung an unsere damalige Wohnung. Die Toilette befand sich auf halber Treppe, sodass man immer aus der Wohnung musste …, notfalls auch nachts … und im Winter … Der Berliner Ofen in der Stube war ein richtiger Schatz. Auch wenn das Kohlen-Schleppen furchtbar anstrengend war, so wurde es doch später mit einer wohlig-gemütlichen Wärme belohnt, die man heute in keinem modernen Neubaublock mehr findet. Außerdem eignete er sich perfekt zum Briefmarkentrocknen. Damals gab es noch so etwas wie eine Hausgemeinschaft – jeder kannte jeden –, nicht nur im Haus, sondern auch im Block. Das ist heute fast undenkbar. Und die vielen kleinen Geschäfte in unserer Straße: ein Bäcker, von dem wir als Kinder nach der Schule immer kostenlos Kuchenränder bekamen, ein Fleischer und natürlich auch der Gemüsemann an der Ecke, der zu dieser Zeit noch keinen Akzent hatte. Heute stehen die meisten Läden leer. Die Straße wirkt kalt und die Häuser alt und verfallen. An der Ecke sitzen die Obdachlosen und öffnen mit zitternden Händen das nächste Bier. Wenn ich manchmal daran vorbeifahre, läuft mir ein kalter Schauer über den Rücken. Wie gut es mir doch geht.

Unser erster Umzug in eine sanierte Wohnung war für mich ein großes Ereignis. Plötzlich war alles viel schicker, nicht mehr so heruntergekommen, es gab eine Badewanne, die ganze Wohnung konnte quasi auf Knopfdruck geheizt werden und es gab sogar einen Balkon! Wir wohnten plötzlich in einem anderen Zeitalter, so fühlte es sich damals jedenfalls für mich an. Später zogen wir noch oft um, aber immer war es etwas Besonderes.

Als Kind durchlief ich den gängigen Bildungsweg, der mit der Kinderkrippe begann, über Kindergarten und Grundschule (mit Hort!) bis zum Gymnasium. Und dann die immer wiederkehrende Frage: »Was willst du denn nach dem Abi machen?« – »Keine Ahnung! Aber auf jeden Fall studieren.« Also suchte ich mir meine Lieblingsfächer und schrieb mich an der Uni ein. Germanistik, Französisch und Journalistik habe ich studiert, aber nach und nach hegte ich ernsthafte Zweifel, ob dies die richtige Wahl war, denn die Unsicherheit, was man am Ende damit eigentlich macht und ob mir das je gefallen wird, blieb so lange, bis ich mich für einen Wechsel entschied. Was der alles mit sich bringen sollte, hätte ich damals nie geglaubt.

Mit Landwirtschaft hatte ich zu der Zeit noch nichts zu tun. Doch die Natur hatte für mich immer eine ganz besondere Bedeutung. In den Ferien machten wir meistens Urlaub unter freiem Himmel. Ob Paddeln, Wandern oder Skifahren, für mich war es ein einzigartiges Gefühl, aus der Enge der Stadt in die Freiheit der Natur zu kommen und ihre Vielfalt kennenzulernen.

Ganz besonders freute ich mich immer auf unseren alljährlichen Urlaub in einem kleinen Dorf bei Lüneburg. Angefangen hat diese Freundschaft schon vor etlichen Jahren. Für meine Eltern war es damals etwas ganz Besonderes, als sie 1991 mit ihrer Folklore-Gruppe den ersten Auftritt »im Westen« hatten. Von da an verbrachten wir jedes Jahr wenigstens ein paar Tage im wohl kleinsten Kuhdorf, das ich bis dahin kennengelernt hatte. Und jede Heimreise in die Großstadt war für mich wie ein kleiner Wermutstropfen. Sehnsucht nach dem weiten Blick, nach Ruhe und dem Gefühl von Freiheit. Obwohl ich eigentlich noch nie gerne Milch trank, ging ich morgens mit zum nächsten Bauern und ließ mir die kleine Kanne voll füllen. Das war vielleicht aufregend! Richtige Milch von richtigen Kühen, das gab es in der Stadt natürlich nicht. Es war einfach immer etwas Besonderes, aufs Land zu fahren.

Später konnte ich sogar eine echte Land-Hochzeit miterleben. Noch nie hatte ich ein solches Ereignis erlebt. Unheimlich viele Menschen, die sich wirklich alle untereinander zu kennen schienen, feierten und tanzten so ausgelassen, dass ich mich von dieser Stimmung anstecken ließ und ein Gefühl des Miteinander genoss, das ich so noch nicht kannte. An diesem Tag lernte ich meinen Freund kennen und anderthalb Jahre später wohnte ich selbst in dem Kuhdorf. Inmitten einer neuen (Groß-) Familie, rund 150 Rindern und unheimlich vielen Hektar Land darum herum. Nie im Leben hätte ich das gedacht. Es war für mich ein Sprung ins kalte Wasser, neues Land, neue Leute, neues Studium, alles war neu, aber es fühlte sich von Anfang an richtig an. Ich habe diesen Schritt gewagt, weil ich wusste, dass es richtig war, ohne es erklären zu können. Hätte ich auf all diese zweifelnden Stimmen aus Stadt und Land gehört, wäre ich wohl nie da angekommen, wo ich heute bin. Mittlerweile lebe ich schon seit fünf Jahren auf dem Hof und habe mich in dieser Zeit Stück für Stück in das landwirtschaftliche Leben integriert, habe feste betriebliche Aufgaben und kann Verantwortung übernehmen für Dinge, die mir kurz zuvor noch fremd waren. Es macht mir Spaß, mich um die Tiere zu küm-

Sommer auf dem Bauernhof

mern, und ich bin froh, dass meine Familie so groß geworden ist und vor allem dass ich mich zu Hause fühlen kann, so weit ab von meiner ursprünglichen Heimat. Hier stehe ich ganz nah am Leben. Und doch, manchmal muss ich noch ein kleines bisschen wehmütig an die Stadt denken, die so viele verschiedene Gesichter haben kann. In der ich aufgewachsen bin mit meiner besten Freundin. So viele Dinge haben wir gemeinsam erlebt, gute und schlechte, sind durch dick und dünn gegangen, haben uns immer wieder gegenseitig aufgefangen, uns Mut gemacht, herumgealbert, … Wir konnten einfach alles miteinander machen. Wie gern hätte ich sie damals einfach in meine Tasche gepackt und mitgenommen!

Hier und heute sind ganz andere Dinge wichtig. Was ich in dieser Land-Zeit alles gelernt habe, ist unglaublich. Wer denkt schon darüber nach, welche Arbeit geleistet werden muss, um die Milch in die Pappe zu bekommen, die man so einfach im Supermarkt kaufen kann? Wie viel Anstrengungen, Schweiß, Liebe und vor allem Bürokratie an dem einen Pfund Hack hängen, das so unscheinbar in der Fleischtheke liegt?

Für mich ist das Leben lebendiger geworden, als ich es vorher wahrgenommen habe.

Besonders gern erinnere ich mich an den einen Abend, an dem ich ganz allein bei der Kuh stand, die schon in den Wehen lag. Wir haben viele Kühe und es werden auch dementsprechend viele Kälber geboren, aber diese Geburt war etwas Besonderes. Wir hatten das Tier als tragende Färse zugekauft und nun sollte sie also kalben. Mein Freund war eigentlich nur kurz weggelaufen, um den Geburtshelfer zu holen und alles Nötige vorzubereiten, ich blieb bei dem Tier. Und plötzlich musste ich an die Entbindung meiner eigenen Tochter denken. Ich konnte nun buchstäblich mit der Kuh mitfühlen und half ihr mit aller Kraft, das Kalb bei den stärksten Wehen herunterzuholen. Glücklich und erschöpft schauten wir drei meinen Freund an, als er mit dem Geburtshelfer endlich wieder da war. Edda ist seither die Nummer eins in unserem Stall.

Es gibt so viele schöne Seiten an der Landwirtschaft, aber auch ebenso viele anstrengende. Zum Beispiel, wenn die Färsengruppe auf der Wiese zum Pfingstsonntag noch einen Betriebsausflug ins benachbarte Dorf plant. Oder wenn der Mähdrescher zum dritten Mal auf dem gleichen Feld kaputtgeht und der Wetterbericht unbeirrt abendliche Schauer vorhersagt. Der Tod gehört genauso zum Geschäft wie das Leben, doch am schlimmsten ist es immer, wenn er »außer der Reihe« kommt. Wenn eine Kuh sich verletzt hat oder gar vergiftet und wenn die Kälber tot geboren werden. Erst in diesem Frühjahr erlebte ich die schlimmste Totgeburt meines Lebens; mit zwei Helfern und einem Tierarzt holten wir den toten Körper Stück für Stück heraus. Leider hat es auch die Kuh nicht mehr geschafft, das war einfach zu viel. Man muss hart sein im Leben als Bäuerin, auch das habe ich gelernt. Die Tiere brauchen uns immer, ob Montag oder Sonntag, Ostern oder Weihnachten, das sind wir ihnen einfach schuldig. Und dass einem dies alles so ein wunderbar befriedigendes, sogar beglückendes Gefühl geben kann, kann nur der verstehen, der wirklich mal dabei war so wie ich.

Ich bin mittendrin im Leben und ich genieße es, obwohl es das manchmal doch ein bisschen zu gut mit mir meint. Auf der einen Seite der Hof, auf der anderen mein Studium und meine Familie ganz eng um mich herum. Ich könnte mich oftmals dreiteilen vor lauter Arbeit und um allem gerecht zu werden. Andere schauen mich kopfschüttelnd an und fragen sich, wie ich das alles schaffe, aber irgendwie geht das immer. Wenn man etwas wirklich will, dann kann man es auch schaffen. Trotzdem bleibt immer ein Rest schlechtes Gewissen, wenn ich meine Tochter zum hundertsten Mal zu den »Schwiegereltern« bringe oder zu ihrer Lieblingstante. Da das hier auf dem Hof jedoch schon immer so war, ist es für sie wohl weniger kompliziert als für mich. Wenn ich mit der Uni erst einmal fertig bin, wird es einfacher. Zumindest rede ich mir das manchmal ein. Ich weiß, dass das nicht stimmt, und ich weiß, dass ich nicht ewig so weiterackern kann. Heute kann ich jedoch noch nichts entscheiden, dazu ist es noch zu früh.

Ich bin froh, dass ich diesen Weg gegangen bin, dass ich dabei hier angekommen bin und auch lernen konnte, hier zu leben. Doch wer weiß schon, was für merkwürdige Wege das Leben mit mir vielleicht noch gehen will. Eins weiß ich dabei jedoch genau: Diesen großen Schritt aufs Land werde ich nie bereuen.

Petra, Krankenschwester, Niedersachsen

Frei-Räume

Aufgewachsen bin ich in einem kleinen Dorf im Emsland.
Als einziges Kind meiner Eltern wuchs ich sehr behütet
auf. Mein Vater, Angestellter beim Straßenbauamt, meine
Mutter, Hausfrau, und meine Großmutter umsorgten
mich in meinen ersten achtzehn Lebensjahren.

Meine Großmutter zog ihre zwei Söhne fast allein groß
und führte dabei einen kleinen landwirtschaftlichen Betrieb mit Hilfe ihrer Nachbarschaft. Ihren Mann verlor

Kinderbild

sie im Krieg. Sie wirkte auf ihre Umwelt als starke Persönlichkeit, die manchmal dazu neigte, ihre Mitmenschen nicht zu sehen. Mein Vater, der älteste Sohn, übernahm automatisch schon früh Arbeiten auf dem Betrieb (drei Kühe, vier Sauen) und somit die Verantwortung.

Meine Mutter kam ebenfalls aus einem Nebenerwerbsbetrieb. Sie musste ihre Ausbildung abbrechen, um nach dem Tod der Mutter den Vater und ihre zwei Brüder zu versorgen. Da sie ihre Begabung nicht beruflich nutzen konnte, blieb lange ein schmerzlicher Verlust zurück. Dazu kam, dass sie wieder auf einen landwirtschaftlichen Nebenerwerbsbetrieb heiratete und mit einer dominanten Schwiegermutter zusammenarbeiten musste. Oft begleitete ich meine Mutter, wenn sie nachmittags das Fahrrad mit zwei Milchkannen zu den Kühen schob. Während sie melkte, pumpte ich Wasser aus dem Brunnen in den Trog. Von der Anstrengung gezeichnet, hatte sie immer ein hochrotes Gesicht. Wegen der Tiere war ein Familienurlaub kaum möglich. Meine Großmutter dagegen reiste gern. Dabei äußerte mein Vater oft den Satz: »Schwingmöhlen achtert Gatt und noch loss«, was so viel heißt wie: »Schwingmühlen am Hintern und noch los.« In späteren Jahren wurde mir eine gewisse Ähnlichkeit zwischen meiner Großmutter und mir nachgesagt. Auch ich kann trotz der Arbeit um mich herum einfach mal wegfahren.

Bei den landwirtschaftlichen Tätigkeiten brauchte ich nicht helfen. Wenn die Kühe im Stall gemolken wurden, schaukelte ich gerne auf der Diele. In der Pubertät wurde mir die Landwirtschaft eher peinlich, besonders wenn mein Vater mit der Sau am Strick zum Eber des Nachbarn zog.

Nach dem Abitur machte ich eine Ausbildung zur Kranken-schwester in einer Großstadt. Ich hätte zwar gerne Medizin studiert, aber wegen des eher durchschnittlichen Abiturs hatte ich mich zu einer Ausbildung entschlossen. Zu einer Fortbildung wechselte ich für ein Jahr nach Berlin. Das Stadtleben mit all seinen Möglichkeiten lernte ich zu schätzen. Aber wie das Schicksal es so wollte, ich lernte auf einem heimatlichen Tanzabend einen jungen liebenswerten Mann mit braunen Augen und blonden Locken kennen, der den Beruf des Landwirts erlernte und mit Begeisterung dabei war. Das war neu für mich. Bis dahin hatte ich Landwirtschaft ausschließlich mit Mühe, Arbeit und Entbehrung in Verbindung gebracht. Das war es, was mir von meinen Eltern aus ihrer Kindheit und Jugend vermittelt wurde und was ich selbst auch in unserer kleinen Nebenerwerbslandwirtschaft so erlebt hatte. Diese Arbeit mit Begeisterung zu erledigen und sogar mit Begeisterung wenig Zeit für sich selbst zu haben, das erlebte ich bei ihm zum ersten Mal und führte bei mir zu dem Aha-Erlebnis, dass es wohl auch ganz anders geht.

Wir wurden ein Liebespaar, obwohl wir in zwei verschiedenen Welten lebten. Zur damaligen Zeit war meine Welt die Stadt mit ihren nahezu grenzenlosen

Möglichkeiten der Freizeitgestaltung, wie Kino, Theater oder Musikveranstaltungen. Ich wohnte in einem hübschen Appartement in einer guten Wohngegend nahe dem Krankenhaus. Mit Bus und Fahrrad war ich mobil. Mein Bekanntenkreis war groß. In meiner Spätschicht konnte ich z. B. ausschlafen, mit Freundinnen lange frühstücken oder auch allein sein. Je nachdem, wozu ich Lust hatte. Jeder Tag verlief anders.

Dagegen kam mir die Welt meines Freundes sehr strukturiert vor. Er hatte wenig Zeit für sich. Im Haus war er nie allein. Sechs Personen bekamen pünktlich vier Mahlzeiten am Tag. Gespräche am Tisch drehten sich fast ausschließlich um den Betrieb. Das Fachwerkhaus war sehr groß, hatte hohe und viele Räume. Zum Hof gehörte sowohl ein riesiger Bauerngarten als auch ein Gemüsegarten.

Irgendwann wollten wir zusammenziehen. Da er der Hof-nachfolger war, bedeutete dies selbstredend, dass eine gemeinsame Wohnung nur bei ihm auf dem Hof in Frage kam. Einerseits freute ich mich auf den Umzug, da dieser gleichzeitig eine Entscheidung für meinen zukünftigen Mann war. Andererseits stand ich dem Leben, das mich dort erwartete, wohl genauso skeptisch gegenüber wie meine Schwiegereltern mir gegenüberstanden. Zwar wortlos, aber dennoch spürbar. Wobei ich daraus keinen Vorwurf ableiten kann. Ich hatte ja auch nicht viel von dem zu bieten, was man von der zukünftigen Frau eines Hofnachfolgers erwartete. Außer, dass ich wie auch die schwiegerelterliche Familie der evangelischen Kirche angehörte. Aber im Alltag auf dem Hof half das dann auch nicht wesentlich weiter.

Ein halbes Jahr, nachdem ich zu ihm gezogen war, heirateten wir. Damit war dann auch die Lebensentscheidung für den Hof und die Landwirtschaft gefallen. Wir bezogen die Altenteilerwohnung im ersten Stock – und nicht die Betriebsleiterwohnung unten –, denn ich wollte weiterhin außerhalb des Betriebes berufstätig bleiben. Dadurch vollzog sich mein Einleben in das neue Umfeld langsam. Die Mahlzeiten, bis auf das Abendessen, wurden in der großen Küche unten gemeinsam eingenommen. In meiner Frühschicht kochte meine Schwiegermutter, in der Spätschicht durfte ich kochen. Mir fiel es sehr schwer, pünktlich um 12 Uhr ein zweigängiges Mittagessen für sechs bis sieben Personen auf dem Tisch stehen zu haben. Mit meinen Kochkenntnissen, die sich schwerpunktmäßig auf Pizza und Spaghetti Bolognese beschränkten, konnte ich hier niemand begeistern. Und wie macht man einen Braten so, dass dieser pünktlich und gar um 12 Uhr auf dem Tisch steht? Oft rief ich meine Mutter vormittags an, um Garzeiten, Mengen und Zutaten zu erfahren. Sie hatte immer rettende Ideen.

Um Sicherheit zu bekommen, entschloss ich mich im ersten Erziehungsurlaub zu einer Ausbildung als Hauswirtschafterin. Im zweiten Erziehungsurlaub absolvierte ich die Meisterprüfung. Bei der Übergabe des Meisterbriefes gab ich meiner Dozentin vom Landwirtschaftsamt zu verstehen, dass ich diese Ausbildung nur gemacht hatte, um Anerkennung und Sicherheit zu gewinnen. Daraufhin entgegnete sie mir: »Man weiß nie, wofür man es noch gebrauchen kann.« Wie wahr!

Nach der Geburt des dritten Kindes reduzierte ich meine Berufstätigkeit im Krankenhaus auf eine Drittelstelle. Kinder, Haushalt, Garten und Krankenpflege füllten nun mein Leben aus. Für die Arbeiten im Außenbetrieb standen mein Mann, seine Eltern und zwei Azubis zur Verfügung, die bei uns wohnten. Unsere drei Kinder wuchsen in einer traumhaften Umgebung mit vielen Spielmöglichkeiten auf. Ein riesiges Gelände mit Bachläufen, Bäumen, Kühen, Kälbern, Schweinen, Hunden, Katzen und Ponys, später Pferden waren ihre Wegbegleiter. Den Ziergarten teilten sich meine Schwiegermutter und ich auf. Den Gemüsegarten übernahm sie weiterhin, reduzierte ihn aber mit fortgeschrittenem Alter immer mehr. Im letzten Jahr ist sie gestorben, mein Schwiegervater unterstützt meinen Mann immer noch tatkräftig. Unser ältester Sohn hat seine landwirtschaftliche Lehre beendet und geht weiter zur Fachschule. Die beiden Mädchen gehen noch zur Schule.

Mein großes Bedürfnis, mir weiteres Wissen anzueignen und andere Menschen kennenzulernen, hat mich nie losgelassen. Seit einigen Jahren gebe ich Kurse für Schwesternhelferinnen. Vor drei Jahren absolvierte ich eine zweijährige Mediatorenausbildung mit dem

Schwerpunkt »gewaltfreie Kommunikation«. Neuerdings unterrichte ich an einer Altenpflegeschule die Fächer Hauswirtschaft, Ernährung, Pflege, Kommunikation und Validation. Damit schließt sich für mich ein Kreis, denn ich kann damit meine drei Berufe verbinden.

Durch meine außerlandwirtschaftliche Berufstätigkeit entkomme ich der »Enge« auf dem Hof. Der Enge, die für mich in der nie endenden Arbeit liegt. Immer zu denselben Zeiten wiederkehrend die gleichen Arbeiten – sowohl drinnen wie auch draußen. Sicher, ich könnte mich auch auf dem Hof »endlos« beschäftigen. Aber ich will das nicht. Ich brauche mehr Menschen um mich, Menschen auch aus anderen Lebenswelten, die mir immer wieder zeigen, dass es auch noch andere Dinge gibt, die wichtig sind im Leben. Diese sogenannten »Frei-Räume« kann ich mir nur schaffen und auch nutzen, weil mein Mann mich unterstützt und respektiert. »Lieber eine zufriedene Frau in ihrem Beruf als eine unzufriedene auf dem Hof.« Ich habe mich über meine Berufe weiterentwickelt und mir dadurch meine Unabhängigkeit und Lebendigkeit bewahrt. Allerdings ist meine ständige Präsenz im Haushalt durch das Alter der Kinder auch nicht vonnöten.

Unsere Existenzgrundlage ist nach wie vor hauptsächlich unser Betrieb. Dieser hat sich in der Zeit, seit ich hier bin, wesentlich vergrößert. Die Milchquote wurde auf das Doppelte aufgestockt, der Betriebszweig

Freiräume hinterm Haus

der Mastschweinehaltung durch zwei neue Ställe ausgedehnt. Es ist ein moderner Hof, der auch in Zukunft zwei Familien ernähren kann. Mein Mann arbeitet nicht unter 70 Stunden die Woche und durch meine Berufstätigkeit und den Haushalt arbeite ich kaum weniger. Jeder zusätzliche Termin bringt Engpässe im täglichen Ablauf mit sich. So bleibt wenig Zeit für das Miteinander. Je älter ich werde, desto mehr empfinde ich unser Familienleben als unruhig. Aber wo so viele Menschen in verschiedenen Lebensphasen leben, entwickelt sich auch eine eigene Dynamik. Jede und jeder in unserer Familie hat einen großen Freundeskreis. Es sind immer viele Menschen auf dem Hof und im Haus. Das ist schön, sprengt aber oft jegliche Planung. Der Kuchen, den ich z. B. letztens für eine gemütliche Sonntagskaffeerunde im Familienkreis gebacken hatte, hat noch nicht einmal den Samstagabend erlebt.

Wenn ich zurückblicke auf die letzen 25 Jahre, stelle ich fest, dass ich damals ziemlich blauäugig geheiratet habe. Und doch ist alles gut geworden. Rückblickend gesehen war es eine gute Entscheidung, aufs Land zu ziehen. Ich genieße es immer wieder, durch unseren Garten zu gehen, ihn zu verändern und so dem Hof ein neues Aussehen zu geben. Ich bin froh mit und in der Natur zu leben. Für diesen Teil »der Weite« des Hofes, das großzügige Gelände mit all seinen Möglichkeiten der Nutzung und Gestaltung bin ich dankbar und kann dies auch genießen.

Ich lebe gerne hier.

Bettina, Agraringenieurin, Baden-Württemberg

Es war einmal

»If nothing else farming is always a good experience.« Diese aufmunternden Worte erreichten mich eines Tages von meinem ehemaligen Chef in Kanada. Über seine Antwort auf meine spontane E-Mail hatte ich mich sehr gefreut, denn es kam selten vor, dass ich Zeit fand, an alte Bekannte zu schreiben.

Es war im Frühjahr 1996, als ich zusammen mit meinem Freund Stefan nach über 18-monatiger Suche endlich »unseren« Betrieb gefunden hatte. Er lag kurz vorm Wald, sah von außen schon ziemlich neu aus und war hinter einigen Hopfenstangen versteckt, die jedoch noch kahl waren und so einen Blick auf den Hof von der Bundesstraße aus ermöglichten.

Außer einem alten, etwas verwahrlosten Anwesen schräg gegenüber standen das Wohnhaus, der Stall und ein Holzschuppen und noch ein kleiner alter Schuppen völlig alleine in der Landschaft. Das Haus war für uns beide allein viel zu groß, doch es beeindruckte uns sofort mit seinem Charme, der sicher daher rührte, dass beim Bau reichlich Holz verwendet worden war. Der Kuhstall entsprach nicht ganz unseren Vorstellungen von einer tiergerechten Haltung; im Vergleich zu dem,

Erste Liebe zu Braunvieh

was wir bisher gesehen hatten, war er jedoch mit Abstand das Beste. Wir liefen herum mit der Kamera und waren einfach nur begeistert. Unsere Chancen sahen anfangs nicht besonders rosig aus, es waren noch ältere, erfahrenere Bewerber um die Pacht dabei.

Die Eigentümerin war seit einem Jahr Witwe und hatte drei Kinder im Alter von fünf, sieben und neun Jahren. Entgegen unseren Befürchtungen kam sie uns freundlich und aufgeschlossen entgegen. Sie war wohl noch traurig über ihren Verlust, schien aber gleichzeitig auch erleichtert zu sein, dass sie nicht länger auf dem Bauernhof arbeiten musste. Der Betrieb sollte für die Söhne erhalten werden, für den Fall, dass sie selbst einmal Landwirtschaft betreiben wollten. Die Pacht war hoch, sogar zu hoch. Aber wir hatten ja bereits ein Konzept für ein zweites Standbein erarbeitet und waren guter Dinge, dass wir alles in ein bis zwei Jahren umsetzen könnten. Auch gab es eine Klausel im Vertrag, die uns bei sinkendem Milchpreis eine Neuverhandlung zusicherte. Also waren wir zuversichtlich, begierig für unser eigenes Unternehmen zu arbeiten, und konnten es kaum erwarten anzufangen. Im April 1996 war es dann so weit.

Bisher hatten wir immer mit dem Braunvieh geliebäugelt, so wie ich es im Praktikum im Allgäu kennengelernt hatte, mit schönen Augen, braunem bis grauem, fast schwarzem Haarkleid in allen Schattierungen. Unsere neu erworbenen Kühe waren jedoch keine eleganten Braunvieh-Damen, sondern Fleckvieh-Kühe von der besonders schweren Art. Nun ja, wir würden es erst einmal mit ihnen versuchen und später könnte man ja vielleicht dann auch einige Braunvieh-Kühe mit in die Herde aufnehmen. Dachten wir. Es sollte ganz anders kommen. Denn obwohl wir zunächst nicht züchten wollten, fanden wir bald heraus, dass wir zwei Linien in der Herde hatten, die ein großes Potenzial hatten.

1997 heirateten wir auf dem Hof mit vielen Freunden und Verwandten. Unser Hof bekam auch einen Namen: Lindenhof. Dadurch, dass wir beide nicht aus der Landwirtschaft stammen, hatten wir bei allen Entscheidungen alle Freiheiten und mussten uns an keine traditionellen Arbeitsabläufe und Methoden halten. Wir mussten uns nur einig werden, was arbeitswirtschaftlich und betriebswirtschaftlich sinnvoll ist. Das war durchaus nicht immer einfach, denn obwohl wir beide in Nürtingen dasselbe Studium absolviert hatten, brachten wir durchaus unterschiedliche Ansichten hervor. Die ersten Jahre haben wir ständig darum gekämpft, wer sich mit seinen Ansichten gerade durchsetzte. Bis jeder seine Aufgabengebiete hatte, wurde jedes einzelne hin- und hergeschoben, umkämpft, verteidigt und irgendwann von einem von uns losgelassen. Wir sind ja schließlich aufgeklärte, emanzipierte Leute und unterwerfen uns nicht irgendwelchen vorgefertigten Rollen, auch wenn uns das viel Zeit und Ärger erspart hätte. Dafür hatte aber irgendwann jeder die Aufgaben, die er am besten konnte. Das Melken haben wir abwechselnd übernommen, oft haben wir auch gemeinsam gemolken. Die besten Gespräche entstanden nicht selten beim Melken, hier wurde die Tagesplanung gemacht, neue Ideen geboren, gestritten und sich wieder versöhnt. Die Kinder waren alle in ihren ersten Lebenswochen im Tragetuch mit dabei. Das war zwar manchmal beschwerlich, besonders wenn sie dann schwerer wurden, aber für mich so symbolisch dafür, dass es in der Landwirtschaft wirklich möglich ist, Beruf und Familie in Einklang zu bringen. Und hier hat das überhaupt nichts mit Kinderhorten zu tun. Hier kann man wirklich beides haben: Für seine Kinder da sein und seine Arbeit tun. Dabei können die Kinder sogar etwas lernen und glücklich und zufrieden aufwachsen.

Stefan war für die Außenwirtschaft zuständig, für die Anbauentscheidung, die Wartung und die Reparatur der Maschinen, das Füttern und die Futtertechnik. Außerdem grundsätzlich für alles, was meine Kräfte überstieg. Das war nicht so wenig, wie mir lieb gewesen wäre, vor allem während und nach den Schwangerschaften. Wir hatten einen Unimog, auf dem die Kinder, sobald sie richtig sitzen konnten, gefahrlos mit dem Papa mitfahren konnten. Nur sehr holprige Aufgaben erledigte er lieber ohne die Kinder. Klauenschneiden war aufgeteilt. Er bearbeitete mit dem Winkelschleifer die Klauen, ich die Problemstellen mit dem Hufmesser. Zucht und Anpaarungsentscheidung, Besamung, Trächtigkeitsuntersuchung waren meine Aufgaben. Dazu habe ich auch einen Besamungskurs gemacht. Die medizinische Versorgung der Kühe und Kälber war ebenfalls mein Aufgabengebiet, das wollte ich auch unbedingt tun. Dazu habe ich Kurse zur Homöopathie und zur Bach-Blüten-Therapie belegt, da wir schon zu Beginn mit der Schulmedizin an die Grenzen kamen, als sich herausstellte, dass ein Großteil der Kühe Leberschäden hatten, an denen sogar fünf Kühe in den ersten Monaten starben.

Die Direktvermarktung war so eine Sache, um die ich mich kümmerte und bei der ich immer dann nach meiner besseren Hälfte schrie, wenn es wieder mal zu viel wurde. Beim Schlachten waren wir sowieso immer zu zweit beim Metzger, zum Zerteilen, Verpacken und Beschriften. Dazu kam dann die Öffentlichkeitsarbeit, die uns beiden ein großes Anliegen war und die wir uns auch sehr friedlich teilten. Das machte zwar viel Freude, beanspruchte aber sehr viel Zeit und brachte uns finanziell leider nichts.

Da war das Vermieten der Ferienwohnung schon lukrativer und ich habe mich darum gekümmert. Wenn ich wieder mal nicht Nein sagen konnte oder wollte, wurde es dann oft eng und Stefan musste bei der Reinigung der Wohnung mit anpacken. Durch das Studium hatten wir beide einen gewissen Anspruch an unsere Dokumentation und so haben wir uns außer der normalen Büroarbeit noch ein kleines Päckchen obendrauf gepackt. Natürlich konnte durch unser langes Hin und Her jeder auch die Aufgaben des anderen übernehmen.

Dass wir für unsere Kinder beide da sein konnten, hat mich für vieles entschädigt. Genauso hatte ich es mir vorgestellt. Unser erstes wurde im nächsten Krankenhaus geboren, die anderen zu Hause. Da ging für mich ein Lebenstraum in Erfüllung. Wenn nur nicht der immense Druck durch unsere sehr begrenzten finanziellen Mittel gewesen wäre! Daher war es leider auch immer wieder nötig, dass Stefan nebenher noch arbeitete, da der Betrieb nicht genug für uns übrig ließ.

Dennoch habe ich meine Arbeit immer geliebt, jede einzelne Kuh, die natürlich alle Namen hatten, diesen wundervollen Hof, den Wald gleich in der Nähe, unsere vielen Projekte und Hoffeste. Ich war überglücklich, wenn ich blutverschmiert neben einer Kuh saß, der ich helfen durfte, ihr Kalb wohlbehalten auf die Welt zu bringen. Ich habe mich gefühlt wie Lucky Luke, wenn ich mit dem Schlepper das Heu gewendet habe und außer mir weit und breit keiner zu sehen war. Wir waren mit den Störchen quasi auf du und du, die uns tatsächlich jedes unserer Kinder angekündigt und eifrig Mäuse gefangen haben, während Stefan zwei erbosten Spaziergängern erklärte, dass er die Störche mit dem Schlepper durchaus nicht störe. Unsere Sonnenuntergänge waren legendär und bei den Fotografen aus dem Bekanntenkreis sehr beliebt.

Natürlich vermisste ich manchmal einen ausgedehnten und vor allem unbeschwerten Urlaub, aber wir ha-

Auf dem Lindenhof

ben eben kleine Ausflüge und auch mal einen Kurzurlaub von knapp vier Tagen gemacht. Was mich verzweifeln ließ, waren nicht die Nächte, die wegen kranker Tiere oder Geburten zum Tag wurden, auch nicht der Schmutz, der einen den ganzen Tag begleitet, den kann man sich relativ einfach wieder abwaschen.

Was wirklich schlimm ist, das ist der immense Druck. Ich glaube, es gibt kaum einen Beruf, bei dem man von so vielen Seiten bedrängt wird. Die Molkerei erzählt ihren Lieferanten, sie müssten die Kosten reduzieren. Beim Einkauf egal welchen Betriebsmittels wird einem regelmäßig erklärt, die Milch müsste eben mehr kosten. Vom Tierarzt bekommt unser völlig verdutzter Nachbar die Aussage ins Gesicht geschleudert, er hätte sich einen bestimmten Lebensstandard erarbeitet und wäre nun nicht bereit, diesen aufzugeben. Nachdem es aber weniger Betriebe gäbe, müsse er aus dem einzelnen mehr herausholen. Was sagt man dazu? Sobald man seine Sprache wiedergefunden hat, eine ganze Menge, leider hört das der betreffende Veterinär dann aber nicht mehr. Beim Versuch, die Pachten zu reduzieren, stießen wir bis auf wenige Ausnahmen aber auf erbitterten Widerstand, selbstverständlich wurde dann auch gleich mit dem Rechtsanwalt gedroht. Und selbst wenn man im Recht war, so kostete es doch jedes Mal Zeit und Nerven und eine gehörige Portion Unsicherheit, ob man sein Recht auch bekam. Bank und Großhändler warteten immer wieder mit falschen Abrechnungen auf, die nur zögerlich oder gar nicht korrigiert wurden, dann kam noch die BSE-Krise, einige Monate lang mit der furchtbaren Angst, es könnte ein Tier erkrankt sein und der ganze Bestand von einer Keulung – was für ein Wort für sinnloses Töten! – bedroht sein. Ich war entsetzt, dass man dafür die Landwirte verantwortlich machte. Schließlich hatten wir trotz Studium und relativ guter Augen alle Mühe, in der Liste der Inhaltsstoffe problematische Bestandteile zu erkennen.

Bei Krankenkasse und Alterskasse haben wir schmerzlich gespürt, dass die Bestimmungen der Sozialversicherung auf die Tatsache, dass einem der Betrieb nicht selbst gehört, keinerlei Rücksicht nehmen, und Telefongespräche mit den Teilzeitkräften dieser beiden Institutionen kosteten mich jedes Körnchen Selbstbeherrschung, das ich besaß. Was nicht heißt, dass ich sie niemals verloren hätte.

Dann musste man natürlich noch verschiedene Ämter zufriedenstellen. Das Landwirtschaftsamt schickte uns zum Beispiel einmal einen speziell geschulten Prüfer, der mit seinen geeichten Meterschritten feststellte, dass der Acker am Haus drei Meter zu kurz sei. In solchen Fällen haben wir gelernt, den Spezialisten mit viel Humor und Diplomatie auf den haarsträubenden Quatsch in seiner Aussage hinzuweisen. Das Finanzamt musste regelmäßig vertröstet werden, da das Wirtschaftsjahr eben nicht mit dem Kalenderjahr endet. Allerdings waren die Beamten des Finanzamtes immer sehr kooperativ und freundlich, muss ja auch einmal gesagt werden. Das Landratsamt machte uns regelmäßig unsere Vorhaben zum zweiten Standbein zunichte, ob es nun Swin-Golf, der Schaubauernhof oder die Direktvermarktung war. Ein einfaches Schild wurde zum echten Problem und es dauerte fast ein Jahr, bis wir endlich eines aufstellen durften. Es wurden völlig überzogene Forderungen an uns gestellt und ein Gutachten verlangt, das belegen sollte, dass auf dem Swin-Golf-Platz eine Toilette ausreichen sollte und nicht analog zum Sportplatz mehr als zehn nötig sind.

Das Veterinäramt macht natürlich auch seine Auflagen. Allerdings konnten wir diese in der Regel nachvollziehen, da wir wirklich vernünftige Amtsveterinäre hatten. Arbeit machte das natürlich trotzdem und dann gibt es noch örtliche Behörden, die nach dem Rechten sehen, das Wasserwirtschaftsamt, das Bauamt und noch viele mehr. Bei diesem Dauerbeschuss fehlte nicht viel, und man vermutete überall einen Angriff.

Von Zeit zu Zeit erschien dann auch die Frage: Warum tust du dir das an?

Meine Eltern hatten zumindest in meiner Kindheit überhaupt nichts mit Landwirtschaft zu tun. Ich bin die Älteste von drei Geschwistern, mein Bruder ist drei Jahre jünger und meine Schwester sieben Jahre jünger als ich. Meine Mutter ist gelernte Krankenschwester, aber während unserer Kindheit und Jugend war sie nicht berufstätig und hat sich intensiv um uns gekümmert. Alles, was sie konnte, hat sie uns beigebracht: Handarbeiten, Schneidern, Basteln, Musizieren, Kochen und Backen, besonders vor Weihnachten, auch die Freude am Lesen haben wir sicher von ihr. Gesunden Menschenverstand, Zivilcourage und Tatkraft hat sie uns vorgelebt und eingeimpft. Ihre forsche und unbekümmerte Art, auf Menschen zuzugehen, ist aber unerreicht und war mir in der Pubertät oft peinlich. Profitiert habe ich freilich davon, besonders bei meinem ersten Job mit 14 als Tierarzthelferin, neben der Schule. Bewerbungen zu schreiben ist für jemanden wie meine Mutter eigentlich überflüssig. Man geht einfach dorthin, wo man wirklich gerne arbeiten möchte, und dann klappt das schon.

Meine Mutter hatte lange Zeit kein Auto. Ihr »Rolls Royce« war ein altes, aber verlässliches Fahrrad, und wenn wir einmal weiter weg mussten, kamen wir überall mit der Straßenbahn oder mit dem Bus hin. Solange ich mich erinnern kann, war mein Vater selbstständig, als Handelsvertreter für verschiedene Textilfirmen. An seine Zeit als Angestellter kann ich mich nicht mehr erinnern. Ich habe früh mitbekommen, dass eigentlich immer Arbeit da ist. Feierabend zu einer bestimmten Uhrzeit gab es nicht, auch Samstag und Sonntag waren durchaus nicht heilig, wenn es auch meistens am Sonntag oder am Samstagabend für einen Kirchgang gereicht hat. Ausnahmen gab es aber auch hier, nämlich wenn gerade eine Ausstellung oder Messe anstand. Manchmal ging mein Vater auch mit uns zum Schwimmen, damals gab es noch ein Schwimmbad in Echterdingen, direkt neben dem Gymnasium und somit für uns zu Fuß bequem zu erreichen. Mit ihm machte das Schwimmenlernen sehr viel Spaß, überhaupt für alles, was mit Sport oder Natur zu tun hatte, konnte er mich immer begeistern, was ihm auch ein Anliegen war. Wir haben viele kleine Radtouren unternommen, meist zu meiner Oma, waren im Leichtathletik-Verein und sind wandern oder laufen gegangen. Auch im Urlaub kam der Sport nicht zu kurz. Ob Bergsteigen in den Schweizer Alpen oder Schwimmen am See irgendwo im Bayerischen Wald, er konnte uns Kinder für alles begeistern, ganz besonders, wenn unserer Mutter dabei die Haare zu Berge standen, wie zum Beispiel, als wir im Herbst auf einem zu-gefrorenen See im Zillertal Hockey spielten mit irgendwelchen Stöcken, die wir unterwegs gefunden hatten.

Was ich aber schon immer mit Urlaub verbinde, ist der Geruch von grasenden Kühen. Dieser Duft, der einem entgegenwabert, wenn man an einer Weide steht und eine Kuh neugierig ihren Kopf über den Zaun streckt und einen anschnaubt, ist einfach einzigartig. Auch wenn das ziemlich lächerlich wirkt, ich glaube, dass ich nur deshalb so sehr an der Weidehaltung hänge, weil genau dieser Duft im Stall komplett verloren geht. Und der bedeutet so viel: Er erzählt von Bergen, frischer Luft, und vom Vater, der Zeit hat und sie nur mit uns verbringt, ohne Fernseher und ohne Radio, lange Zeit sogar ohne Zeitung, das kann man sich heute kaum mehr vorstellen.

Vor der Arbeit der Landwirte vor Ort hatte man Respekt. Gatter wurden sorgfältig geschlossen, man lief nicht über eine hoch stehende Wiese, uns wurden noch Grundlagen beigebracht, die heute leider nicht mehr selbstverständlich sind. Es wurde jeder freundlich gegrüßt, sogar die Tiere, die uns begegnet sind.

Dass jeder Mensch denselben Respekt verdient, egal woher er kommt oder wie viel er verdient oder ob er berühmt ist oder nicht, diese Selbstverständlichkeit haben meine beiden Eltern mir beigebracht. Bei uns zu Hause haben die Nachbarskinder denselben Kuchen angeboten bekommen wie beispielsweise Mark Spitz, der Schwimm-Weltmeister, der (durch die Firma, die mein Vater vertreten hat) auch einmal bei uns zu Besuch war. Das war alles selbstverständlich und man ging völlig unaufgeregt mit jedweden Berühmtheiten um. Ich bin in dem Bewusstsein aufgewachsen, dass jeder Beruf die gleiche Wertschätzung verdient; Standesfragen hielt ich für eine historische Tatsache.

In der Schule war die Landwirtschaft freilich ein Thema, in Erdkunde und in Biologie. Kurz zusammengefasst habe ich Folgendes gelernt: Die Landwirtschaft ist schuld an der Verschmutzung der Gewässer, Tiere werden besonders in konventioneller Haltung nicht artgerecht gehalten, es wird viel zu viel chemisches Gift eingesetzt, viel zu große Maschinen, die den Boden ruinieren, und Bauern tun das, weil sie es nicht besser wissen und es liegt vor allem an der gymnasialen Elite, den Bauern die ökologischen Zusammenhänge zu erklären und von einer ökologischen Arbeitsweise zu überzeugen. Ach ja, und heute sagt man Landwirt anstatt Bauer, des Respekts wegen.

Die Schule habe ich mit dem Traum verlassen, einen hübschen kleinen Öko-Hof zu bewirtschaften und dann alles besser zu machen; Maschinen würde ich nicht brauchen, außer vielleicht einen Unimog, der gefiel meinem damaligen Freund so gut; Gift sollte mir sowieso nicht auf den Hof kommen und die Tiere dürften immer auf die Weide. Noch während der Schule konnte ich meine ersten Erfahrungen mit der Tierhaltung sammeln, da ich ja dank meiner Mutter beim Tierarzt helfen durfte und mir dabei sogar ein paar Mark verdienen konnte. Der hatte damals auch eine Großtierpraxis und manchmal durfte ich mitfahren zu den Landwirten von Leinfelden-Echterdingen. Hier bekam ich damals ausschließlich Anbindeställe zu sehen und ich hielt dies für die einzige Möglichkeit, Kühe zu halten, wenn sie nicht auf eine Weide können.

Der Tierarzt ist mir bis heute lieb und teuer, leider ist er schon gestorben. Mein Einstellungstest, ob ich die Arbeit auch tun könnte, war folgender: Ich wurde für nachmittags einbestellt und als ich kam, riefen mich der Tierarzt und seine Helferin Gudrun ins Behandlungszimmer. Dort lag auf dem OP-Tisch ausgestreckt und festgebunden eine narkotisierte Hündin, der Bauch offen und der Eimer daneben war gefüllt mit der eitrigen Gebärmutter, die sie ihr soeben entfernt hatten. Der Geruch war scheußlich, aber ich war neugierig genug, den Ekel zu überwinden, außerdem wollte ich mich ja nicht am ersten Tag blamieren. Also habe ich mir alles genau angesehen und Fragen gestellt. Ich war selbst überrascht, wie sehr mich die Neugier den Ekel vergessen ließ.

Blamiert habe ich mich dann erst später, als wir zu einem Geburtshilfe-Einsatz gerufen wurden. Ich durfte mit und bekam im Stall sogleich die verantwortungsvolle Aufgabe, den Schwanz der Kuh zu halten, während ein Mann am Kalb zog und mein Tierarzt vermutlich den Dammschutz übernahm und Kommandos zum Ziehen und Loslassen gab. Ich hielt den Schwanz, als würde tatsächlich das Leben des Kalbes davon abhängen, und habe fast nicht gemerkt, wie sich der Rest der Geburtshelfer darüber amüsierte. Einige Tage später kam ein Anruf vom selben Betrieb. Dass ich vermutlich der Kuh den Schwanz gebrochen hatte, hätte ich auch fast geglaubt, aber die beiden – der Tierarzt und Gudrun – wollten mich offensichtlich nicht zu lange schmoren lassen und haben mich von dieser schrecklichen Vorstellung wieder erlöst.

Den Job der Tierarzthelferin habe ich zwar gerne gemacht, aber mir war bald klar, dass es mir auf die Dauer etwas zu langweilig werden würde, den ganzen Tag nur

Tiere zu fixieren, zu putzen und Rechnungen zu schreiben. Rechnungen habe ich selbst keine geschrieben, aber ich habe wohl mitbekommen, dass arme Leute eine stark abgespeckte Rechnung bekamen. Vielleicht auch deshalb musste mit Verbrauchsmaterial sparsam umgegangen werden: »Denkt auch an den Geldbeutel vom Papa!«

Was mir aber wirklich zuwider war, das war das Einschläfern von Tieren. Leider kam das ziemlich häufig vor, auch wenn sich mein Tierarzt strikt geweigert hat, Tiere einzuschläfern, die dem Besitzer offensichtlich nur lästig geworden und nicht wirklich unheilbar krank waren.

Zu guter Letzt hat mir mein Chef auch dazu geraten zu studieren, obwohl ich gleich nach der Schule hätte bei ihm anfangen können. Ich ging zu einer Berufsberatung am Ort, und nachdem der Berater alle meine Vorlieben und Abneigungen kannte, hat er mir geraten, Landwirtschaft zu studieren. Für mich und für mein gesamtes Umfeld war es zunächst einmal sehr erstaunlich, dass man Landwirtschaft tatsächlich studieren kann. Mein damaliger Freund fand es toll und unterstützte mich dabei.

Mein Vorpraktikum machte ich auf einem Demeter-Betrieb in der Nähe, es sollte ja schließlich biologisch sein. Nach der ganzen Paukerei fürs Abitur war ich direkt versessen darauf, mit beiden Händen im Dreck zu wühlen, und so war ich genau am richtigen Ort, denn es gab eine Menge auf den Feldern zu tun. Bayram, ein türkischer Mitarbeiter, legte dabei ein Tempo vor, dass mir damals schwindelig wurde und das für mich völlig unerreichbar war. Das Mittagessen war einfach ein Traum, ich war damals noch Vegetarierin und war verblüfft, was man aus Gemüse alles machen kann.

Dann hatte mein Freund, der damals noch Maschinenbau studierte, einen Praktikumsplatz im Allgäu bekommen und mein erstes Praxissemester stand an. Also besorgte ich mir beim Landwirtschaftsamt eine Liste mit den Ausbildungsbetrieben und fuhr ins Allgäu, um mir einen Hof zu suchen. Es waren ungefähr fünfzehn Betriebe. Nicht überall habe ich jemanden angetroffen. Die meisten wollten keine Praktikantin oder hatten schon einen Lehrling. Als ich in Trauchgau ankam, fand ich einen jungen Mann beim Holzaufschichten und fragte nach dem Chef. Da war ich aber schon am Richtigen. Na, so hatte ich mir sicher keinen Bauern – ähm Landwirt – vorgestellt. Er zeigte mir den ganzen Betrieb und ich schrieb nachher völlig begeistert in meinen Kalender: »Toller Betrieb, die Kühe dürfen frei (!) herumlaufen.« Ich hatte soeben meinen ersten Laufstall gesehen, und der war damals schon fünfzehn Jahre alt oder sogar noch älter. Natürlich waren darin lauter Braunvieh-Kühe. Seine Frau Uschi war sehr nett und die kleine Tochter Sonja fand ich ganz süß. Sie hatten bereits eine Praktikantin, wollten mich aber wahrscheinlich trotzdem zusätzlich noch einstellen, da sich nochmals Nachwuchs angekündigt hatte. Als ich am Telefon Bescheid bekam, dass es klappte, war ich glücklich! Zu dem mit den freien Kühen, klasse!

Ich fing im Herbst an. Meistens fuhr ich mit dem Fahrrad von Schwangau, wo wir in einer Ferienwohnung wohnten, nach Trauchgau, was landschaftlich enorm reizvoll ist; ich verliebte mich direkt in die Landschaft, den Bannwaldsee, die Berge, das Panorama und den hübschen kleinen Radweg, der leider im Winter meistens ziemlich vereist war, sodass ich später oft auf die Straße ausweichen musste.

Eine Weile waren wir zu zweit, die andere Praktikantin studierte in Hohenheim. Von ihr habe ich alles gelernt, worauf man bei den Kälbern achten musste. Wir haben penibel darauf geachtet, dass keines der Kälber Durchfall bekam, haben alles sorgfältig gereinigt und haben, auch als ich später alleine für die Kälber sorgte, in diesem halben Jahr kein einziges Kalb verloren. Das gab mir den trügerischen Eindruck, dass ich bei den Kälberverlusten 0 Prozent anstreben könnte und gute Chancen hätte, dieses Ziel auch zu erreichen.

Ab und zu wurde ich mit der verantwortungsvollen Aufgabe betraut, bei den Jungrindern zu sehen, welche rinderten. Dabei stand ich immer inmitten einer Herde von Kühen oder Jungtieren, die mich alle beschnupperten, beobachteten oder auch mal unsanft anstupsten. Meist gab es eine, an die ich mich anlehnen durfte und so konnte ich herrlich alles loslassen, war danach wieder ganz erholt und hätte es noch viel länger so ausgehalten. Heute nennt man so etwas im Übrigen Entspannungstechnik!

Im Jungtierstall war die Holzverschalung alt und kaputt und ich durfte sie wegreißen und eine neue anbringen. Bisher hatte ich bei solchen Arbeiten meist nur den Handlanger gespielt und war ganz stolz, endlich selbst Hand anlegen zu dürfen. Mit den langen Nägeln hatte ich anfangs so meine Probleme, immer wieder brauchte ich die Beißzange, um die krummen Nägel wieder rauszuziehen. Der Chef ließ mich aber weiter ausprobieren, meinte im Vorbeigehen mit Blick auf meine kuriose Nagelsammlung nur: »Isch a Windle ganga?«, grinste und kümmerte sich um etwas anderes.

Auch ansonsten wurde mir viel Verständnis und Nachsicht entgegengebracht. Einmal bin ich beim Lenken des Krans, mit dem das Heu und die Silage aus den Hochsilos über eine Rutsche auf den Futtertisch befördert wurden, vom Hebel abgerutscht und der Kran fuhr in das Dach und warf einige Ziegel herunter, auch Dachlatten zerbrachen dabei und wir mussten bei ungünstigstem Wetter später das Dach reparieren. Ich war gerade alleine auf dem Hof und bis die Familie zurück war, hatte ich viel zu lange Zeit, über mein Missgeschick nachzudenken und mir die Konsequenzen auszumalen. Umso erleichterter war ich, als ich meine Beichte abgelegt hatte und ein mir bis dahin unbekanntes Arbeitsmotto kennenlernte: »Wo nichts gearbeitet wird, passiert auch nichts.« So einfach. Das war's. Natürlich war ich am nächsten Tag bei der Reparatur dabei, das tut ja auch gut, wenn man seinen Schaden wenigstens zum Teil wiedergutmachen kann.

So selbstverständlich ich hier auf dem Hof auf- und ange-nommen wurde, so sensationell schien es rundherum zu sein, dass gleich zwei Mädels auf dem großen Milchviehbetrieb arbeiteten. Ich hatte mir eben schon was Besonderes ausgesucht.

Das Bild einer Landwirtsfamilie, wie es uns in der Schule vermittelt worden war, wurde hier gründlich auf den Kopf gestellt. Morgens wurde die Zeitung gelesen und Radio gehört – natürlich Bayern 3. Und dann diskutierten wir über die Meldungen, auch über diejenigen, die mit der Landwirtschaft nichts zu tun hatten. Auch für Wandern, Fahrradfahren und Skilanglaufen war noch Zeit. Einmal waren wir sogar zusammen mit dem Lehrling, der die andere Praktikantin ablöste, beim Skifahren und ich staunte nicht schlecht, als ich sah, dass sich mein Chef nicht nur unter den Kühen wie ein Gummiball bewegen konnte, sondern auch auf zwei Brettern eine beneidenswerte Vorstellung lieferte. Wir hatten beide Mühe hinterherzukommen.

Bis zu diesem Praktikum hatte ich noch keine Gelegenheit, ein Musical live zu erleben, jetzt konnte ich manchmal zumindest einigen Liedern (ich glaube, sie waren aus Cats) lauschen, wenn die Chefin mit dem Hochdruckreiniger im Melkstand zugange war. Sie konnte toll singen und ich bedauerte nur, dass sie es nicht auch ohne Hochdruckreiniger getan hat.

Was mir aber am meisten gefiel, war, dass der Vater hier immer für sein Kind Zeit hatte und sie sich auch ausgiebig nahm. Papa war für die kleine Sonja morgens da, zum Mittagessen und zwischendrin, wann immer er Zeit hatte. Das fand ich klasse. Und ich denke, dass hier aus dem Traum vom Bauernhof ein echter Plan wurde.

Wieder zurück zu Hause war ich noch einige Monate auf dem Demeter-Betrieb, der mittlerweile ausgesiedelt war. Hier konnte ich meine neu erworbenen handwerklichen Fähigkeiten bei der Stallverkleidung unter Beweis stellen. Die Hofstelle sah prächtig aus und es war ein sehr erhebendes Gefühl, am Entstehen mitzuwirken.

Dann kam das erste Semester in Nürtingen und ich hatte noch mehr Aha-Erlebnisse. Ich hatte ja schon im Allgäu das Gefühl, dass der konventionelle Betrieb meinen Vorstellungen von einem Bio-Betrieb sehr nahe kam. Bei den Vorlesungen und im Gespräch mit den Studienkollegen wurde mir schnell klar, dass es wirklich auf den individuellen Betrieb ankommt und Schwarz-Weiß-Denken unangebracht ist. Ich habe so viele wundervolle Menschen, darunter auch meinen Mann Stefan, an der Fachhochschule kennengelernt, und die hatten durchaus nicht alle das Ziel, ihren elterlichen Betrieb auf Bio-Landbau umzustellen.

Im sechsten Semester stand wieder ein Praktikum auf

dem Plan und ich wollte diesmal nach Kanada, wo ich auch schon vorher mit dem Fahrrad sechs Wochen Urlaub gemacht hatte. Hier hatte ich über meinen Freund einen Betrieb gefunden, mit Erdbeeren und Sauenhaltung mit Ferkelaufzucht. Der Betrieb lag in Québec bei Sherbrooke, der Betriebsleiter Lukas und seine Frau sprachen aber englisch. Sie hatten soeben ihr zweites Kind bekommen und so war man froh, eine zusätzliche Arbeitskraft zu haben. Bald merkte ich, dass hier einiges nicht in Ordnung war. Durch Inzucht gab es einige Probleme: Grundsätzlich mussten sämtlichen Ferkeln die Nabel abgebunden werden, da sie sonst verbluteten. Schlimmer waren jedoch die Missbildungen: nach außen gestülpte Gehirne, verkrüppelte Gliedmaßen, Darmverschlüsse und fehlende Harnausgänge. Die Verluste waren enorm. Am meisten gelernt habe ich während der drei Wochen, in denen das Ehepaar mit den beiden Kindern bei ihrer Mutter war. In dieser Zeit war ich alleine verantwortlich. Ich konnte austesten, was ich aushalten konnte. Zum Beispiel drei Nächte nicht schlafen, weil die Sauen ferkelten. Eine Sau hatte lauter Totgeburten und ich brauchte drei Tage und Nächte, bis auch das Letzte draußen war. Danach musste natürlich noch die Sau versorgt werden. Ohne Tierarzt und geeignete Medikamente durchaus nicht einfach. Mit Joghurt und Essig habe ich sie am Leben erhalten, bis ich endlich den Tierarzt erreicht habe, den ich ja eigentlich gar nicht rufen sollte. Dann mussten Ferkel von ihren Müttern entwöhnt werden, Ferkel kastriert, die Eckzähne gestutzt und die Schwänze gekappt werden, Sauen besamt, Ferkel um fünf Uhr morgens mit jeweils 17 kg aus einem kleinen Loch in 1,80 m Höhe nach draußen befördert werden, die Trächtigkeitskontrolle mit dem Ultraschallgerät konnte ich auch schon machen, Jungsauen bekamen die Entwurmung und nebenbei musste ich mich noch um die normale tägliche Arbeit in einem etwas verbauten Stall kümmern, also Handfütterung bei einem ohrenbetäubenden Lärm, Handentmistung in den Jungsauen-Buchten, Reparatur-Arbeiten und so weiter. Am Ende war ich zwar erschöpft, aber dafür gefühlte fünf Zentimeter größer vor Stolz, dass ich das alles geschafft hatte.

Leider dauerte es danach nicht lange und mein Boss hatte wieder einen seiner cholerischen Anfälle. Zu diesem Zeitpunkt hatte ich mir die Sprache schon so weit angeeignet, dass ich ordentlich Kontra geben konnte, und so teilte ich ihm mit, dass er seinen Stall von jetzt an alleine machen könnte, durchaus in einer weniger höflichen Form und packte dann auch sofort meine Sachen. Ich hatte vor dem Urlaub schon einmal damit gedroht, bin aber seiner Frau zuliebe geblieben.

Dieses Mal war es mir ernst und ich sagte mir, wenn ich das alles geschafft hätte, würde ich auch einen anderen Betrieb finden.

Und den fand ich auch, mit Hilfe von Freunden in Ontario, nur wenige Tage später. Es war wieder ein Sauenbetrieb, eben der, von dem ich später die aufmunternden Worte empfangen habe. Enid und John waren offensichtlich froh, so schnell jemanden gefunden zu haben. Ich wurde sehr herzlich aufgenommen, kam gerade recht, da alles so gut lief, dass der Platz bei den Sauen knapp wurde und alle Arbeiten sehr schnell erledigt werden mussten, und die konnte ich ja jetzt schon in Rekordzeit. Hier hatte ich es mit einem erweiterten Familienbetrieb zu tun. Auf dem Hof waren noch zwei weitere Leute beschäftigt. Man arbeitete im Team, traf sich in den Pausen im Büro, oft gab es dort die berühmten Donuts von Tim Hortons für alle. Wir hatten alle viel Spaß miteinander und das Arbeiten machte auch dann Freude, wenn man den ganzen Tag den Hochdruckreiniger bedienen musste.

Das wäre doch ideal! Ein Familienbetrieb mit zwei Angestellten. So könnte man ja auch in den Urlaub gehen! Dachte ich – und wie es so schön heißt, die Hoffnung stirbt zuletzt.

Die Art, wie hier mit den Angestellten und den Kindern umgegangen wurde, gefiel mir besonders. Es wurde jedem so viel Respekt entgegengebracht und viel gelobt. Mit vielen Eindrücken und Plänen habe ich dieses Land verlassen und habe mir John und Enid zum Vorbild gemacht. Ich wollte immer mit Stefan wieder hierherkommen. Das hat aber bis heute nicht geklappt. John meinte nach der letzten Geburtsmeldung, ich müsste ja dann ein eigenes Flugzeug chartern.

Heute weiß ich, dass jeder meiner Betriebe, auch und besonders der von Lukas, dazu beigetragen hat, dass ich mir einen eigenen Betrieb zugetraut habe und das Experiment Bauernhof auch beinahe zwölf Jahre lang zusammen mit meinem Mann gelebt und durchgehalten habe. Unsere vier Kinder waren sehr glücklich dort; Jonathan, unser Ältester, empfand es sogar als besonderes Privileg, ein Bauernkind zu sein. Als klar wurde, dass wir umziehen mussten, schrieb er seinem Freund, wir müssten vielleicht eine Weile wie einfache Menschen leben. Jenny und Julia sind immer noch traurig darüber und trauern dem schönen großen Haus nach. Für Jenny ist es nach wie vor wichtig, kein Stadtkind, sondern ein Bauernkind zu sein. Justus war noch sehr klein, als wir den Lindenhof verlassen haben, gerade mal ein Jahr. Er erinnert sich nur durch die Erzählungen der anderen daran und lässt sich von der Sehnsucht anstecken.

2007 war unser letztes Jahr auf unserem Bauernhof. Unseren Lindenhof gibt es nicht mehr. Nur noch das Haus und ein leerer Stall ohne Aufstallung und Melkstand sind übrig. Unsere Tiere sind in alle Richtungen verteilt. Unser geliebter Bernhardiner hat den Umzug nicht lange überlebt. Wir wohnen inzwischen wieder in der alten Heimat, am Rande von Pforzheim. Wir hatten großes Glück, ein Haus mit einem großen Garten zu finden, in dem viele alte Obstbäume stehen. Ganz in der Nähe werden Milchschafe gehalten, von Stefans Eltern haben wir einen kleinen Weinberg übernommen.

Stefan arbeitet gerade auf einem Bauernhof und ich verdiene nebenbei als selbstständige Betriebshelferin noch etwas dazu. Jasmina, unser fünftes Kind, ist hier geboren und auch sie war schon oft im Stall bei den Schafen oder den Kühen, sogar beim Käsen war sie schon dabei. Es soll ihr schließlich an nichts fehlen und auch sie soll erleben, wie es sich anfühlt, ein Bauernkind zu sein.

Die Gegend hier macht es uns leicht, (wieder) heimisch zu werden. Von der Stadt bekommen wir nicht viel mit, sind aber dennoch in kurzer Zeit mittendrin. Aber wir orientieren uns eher in die andere Richtung, wo sich Streuobstwiesen und Felder, kleine, völlig unterschiedliche charmante Häuser und zahlreiche Gärten abwechseln.

Ein eigener Hof ist für uns in unendliche Ferne gerückt, irgendwo beim Lottogewinn angesiedelt. Aus dem Plan ist wieder ein Traum geworden. Ein Traum von einem eigenen überschaubaren, aber wirtschaftlichen Hof. Es stimmt wohl, was uns so viele prophezeit haben, dass einem der Bauernhof schon selbst gehören muss, wenn man überleben will. Dennoch will ich die Erfahrung auf keinen Fall missen. Und ich bin mir sicher, die Landwirtschaft ist viel mehr als nur eine gute Erfahrung, und ich denke immer gerne an die schöne Zeit und die vielen glücklichen Stunden zurück, die wir auf dem Bauernhof erlebt haben.

Auge in Auge mit einer Kuh

Oh Mann, was soll ich nur tun? »Morgen ist der Termin mit der Berufsberatung in der Schule. Und ich habe keine Ahnung, was ich werden will.« Tja, ich war absolut keine Leuchte in der Schule, besuchte damals mit 15 Jahren die neunte Klasse der Hauptschule. Tage- und nächtelang habe ich überlegt. Was waren meine Stärken? Es waren keine zu erkennen. Bis mir dann in der Nacht vor dem Berufsberatungstermin ein kleines Licht aufging. Was mich immer begleitet hatte, war – und ist bis heute – die Liebe zu Tieren.

Ich bin aufgewachsen mit einer jüngeren Schwester und einem älteren Bruder. Mein Vater war bei der Bundesbahn als Maler angestellt, meine Mutter putzte in den Abendstunden in einem Massagesalon, um uns Kinder durchzubringen. Wir lebten den größten Teil meiner Kindheit in einer engen Wohnsiedlung, in einem Haus mit sechs Wohnungen, in einer mittelgroßen Stadt. In dem Haus lebten außer uns nur Rentner. Das hieß für uns Kinder: keine Tiere und immer schön leise sein.

Ich kann mich aber noch dunkel erinnern, dass ich die ersten sechs Lebensjahre im Vorort dieser Stadt aufgewachsen bin. Dort erstreckte sich hinter unserem

Haus im Sommer immer ein großes Kornfeld, in dem wir wunderbar spielen konnten und im Herbst Drachen steigen ließen.

Ich war diese Weite gewohnt, doch dann wurde alles beengt, nicht nur die neue Wohnung, auch meine Lebensentfaltung. Ich habe mich dort nie wohl gefühlt. Nur wenn ich den Hund des Chefs meiner Mutter ausführen durfte, da war ich glücklich. Eigentlich war dies immer so, wenn in meinem Leben Tiere auftauchten. Meine Freundin hatte zwei Katzen, die eine wild und die andere sehr scheu. Doch irgendwie schaffte ich es, dass sie mir vertrauten. Die beiden hingen mehr an mir als an der Familie meiner Freundin. Tiere hatten eine besondere Wirkung auf mich und vielleicht auch umgekehrt. Ich konnte mit jedem Tier umgehen: Katze, Hund, Vogel und später unseren Stalltieren.

Der Beruf der Tierärztin kam wegen meines Schulabschlusses ja wohl nicht in Frage, selbst für Tierarzthelferin brauchte man einen Realschulabschluss. Nun ja, die Berufsberatung empfahl mir, es als Tierpflegerin zu versuchen. Na toll, der nächste Tierpark oder Zoo war gute 60 km weg. Alle Bewerbungen kamen zurück. Total am Boden vereinbarte ich erneut einen Termin bei der Berufsberatung. Ja, und dann kam der Vorschlag, der meinen Weg in dieses heutige Leben führte. Der Berufsberater fragte: »Könnten Sie sich auch vorstellen, in der Landwirtschaft tätig zu werden, da gibt es ja auch jede Menge Tiere: Kühe, Schweine, Hühner usw. Es gibt da jetzt ei-

nen nagelneuen Beruf, den des Tierwirtes. Da es den vorher nicht gab, werden Sie mit Kusshand genommen!«
»Puh … Landwirtschaft? Ich?« Bis zu diesem Zeitpunkt
wusste ich absolut überhaupt nichts damit anzufangen.
Ich sollte ein bisschen nachdenken und in drei Tagen
wiederkommen. Und dann drehte sich das Gedankenka-
russell. Wie war das noch damals, als ich in diesem Vorort
gelebt habe? Da war doch der kleine Hof, auf dem es
noch zwei Schweine, einige Hühner und paar Kaninchen
gab. Dort war ich doch wenigstens dreimal in der Woche.
Ich konnte nie genug davon bekommen, diese Tiere zu
beobachten. Die Sache war geritzt und meine Eltern
froh, dass es jetzt ja wohl voranging. Für diesen Beruf
musste ich erst einmal ein Berufsgrundbildungsjahr ab-

Mein Bruder und ich im Garten

solvieren. Obwohl ich wirklich gar keine Lust mehr auf Schule hatte! Ich hätte am liebsten sofort losgelegt. War ich einfältig, denn ich hatte mir das Leben auf dem Land so einfach vorgestellt, so gemütlich. Als wir damals auf dem Land lebten, da war das Kornfeld ganz selbstverständlich da. Milch und Brot standen auf dem Tisch. Aufschnitt im Kühlschrank. Nie hatte ich mir Gedanken darüber gemacht, wo dies alles herkam. Hatte keine Ahnung, dass der Acker bestellt und die Tiere gefüttert werden mussten und wie viel Arbeit dahintersteckte, bis wir die Lebensmittel im Hause hatten.

Es kam der Einschulungstag vor den Sommerferien. Dazu musste ich in ein Berufsbildungszentrum, das Gott sei Dank in unserer Stadt war. Das muss man sich mal vorstellen, da kam ich als ziemlich einziges Mädchen – von nichts 'ne Ahnung – in diesem riesigen Zentrum in die Aula, wo sich 200 Schüler trafen, die einen landwirtschaftlichen Beruf erlernen wollten. Noch schlimmer war, dass wirklich jeder nach vorne kommen musste, um irgendwelche Anmeldeformulare abzuholen. Es ging schön nach dem Abc. Da ich ziemlich am Schluss des Alphabets war, bekam ich ordentlich Bauchschmerzen. Die aber ganz plötzlich verschwunden waren, als ein Junge nach vorne gebeten wurde. Es traf mich wie ein Blitz: Liebe auf den ersten Blick. Dieser Junge war genau der, den ich mir gewünscht hatte. Ein bisschen schüchtern und sah unheimlich gut aus. Wir kamen in die gleiche Klasse. In dieser waren 28 angehende Landwirte und nur zwei Mädchen. Also hatte ich die große Auswahl. Doch meine Wahl war bereits getroffen. Gute drei Monate flirteten wir wie wild, bis ich auf eine Fete in seinem Dorf eingeladen wurde. Natürlich bin ich da hin. Und dann endlich zur späten Stunde kam es zum ersten Kuss, der so eindrucksvoll war, dass es für mich bis heute noch der schönste Kuss geblieben ist. Denn, wenn man der Liebe begegnet, dann ist das ein Wunder.

Ich kann nicht sagen, was mich mehr beflügelt hat: die Liebe zu ihm oder der interessante Lehrstoff. Beide, nehme ich mal an. Alle zwei Wochen hatten wir einen Praxistag auf einem landwirtschaftlichen Betrieb. Ich werde niemals den Augenblick vergessen, als ich einer Kuh Auge in Auge gegenüberstand und sie berührte. Auch da war es Liebe auf den ersten Blick; ich bin bis heute noch der Kuhnarr. Nicht nur diese Tage, nein, auch die Zeit, die ich bei meinem zukünftigen Mann zu Hause verbringen durfte, waren eine Offenbarung. Zu dem Zeitpunkt wurde ich von meinen künftigen Schwiegereltern und auch von den alten Leuten, die auf dem Hof lebten, mit offenen Armen aufgenommen. Wenn ich mit meinem Freund auf Partys oder Feste ging, die im Dorf stattfanden, gaben mir die Leute das Gefühl, willkommen zu sein. Das kannte ich bis zu diesem Zeitpunkt gar nicht. In der Stadt musste man immer um Anerkennung kämpfen, hier wurde sie einem geschenkt. Ich denke, dass meine offene und positive

Art dazu beigetragen hat. Aber die Aufnahme hier war total überwältigend und mein Lebensziel stand fest: Auf jeden Fall wollte ich auf dem Land leben und arbeiten. Erst jetzt entfaltete sich meine Persönlichkeit wie eine Blume in der Sonne. Das Berufsgrundbildungsjahr verlief so erfolgreich, dass ich sogar noch ein Jahr Schule hinterher machte, um den Realschulabschluss nachzuholen. Dann kam das erste Ausbildungsjahr. Oh Gott, es war schlimm! Mein Lehrherr hatte mich nur auf Bitten eines Mitarbeiters der Landwirtschaftskammer genommen. Er war schon über 60 Jahre alt, hatte drei erwachsene Töchter und einen schwer herzkranken zwölfjährigen Sohn. Meistens war er damit beschäftigt, seinen zahlreichen Pöstchen nachzujagen. Und ich konnte mal sehen, wie ich fertig wurde. Erst einmal jeden Tag die ungewohnte Arbeit, nur alle 14 Tage ein Wochenende frei. Da wurde mir klar, dass die Landwirtschaft alles andere als gemütlich war. Morgens um 6 Uhr aufstehen, Tiere versorgen. Als Erstes war das Melken dran und danach das Füttern. Den 18 Kühen und gut 30 Bullen musste ich mit einer Schubkarre Mais, Gras, Rüben und Kraftfutter in die Tröge füllen. Erst dann gab es Frühstück. An Maschinen durfte ich gar nicht dran. Jeden Tag wurde der Kuhstall ausgemistet. Hin und wieder die Kühe geputzt. Und fegen – ich habe mir etliche Blasen dabei geholt. Und einmal wurde der Stall geweißt. Mit Kalk. Nach kurzer Zeit hatte ich wunde Arme, weil es so ein ätzendes Zeug war. Ich war ja nichts gewohnt. Seine Frau versorgte über Tag die gut 20 Sauen samt Nachzucht. Natürlich blieb die Drecksarbeit im Sauenstall für mich, wie das tägliche Ausmisten und das Saubermachen der Stallfenster wenigstens zweimal wöchentlich. Des Nachts durfte ich aufstehen, wenn die Sauen ferkelten und die Kühe kalbten. Aber das hat mir überhaupt nichts ausgemacht. Auch nach Hunderten von Ferkeln und ich weiß nicht wie vielen Kälbern ist das Wunder der Geburt immer noch das Höchste für mich.

Abends war um ca. 19 Uhr Feierabend. Die gute Frau war mit ihren Sauen und Kaffeekränzchen, Friseur usw. so was von ausgelastet, dass selten mal ein vernünftiges Essen auf den Tisch kam. Die Mahlzeiten wurden zugeteilt. Für mich gab es immer zu wenig. Ich habe da 10 kg abgenommen und fühlte mich wie das fünfte Rad am Wagen. Hatte unendliches Heimweh und Sehnsucht nach meinem Freund. Was mich durchhalten ließ, waren die freien Wochenenden, die ich fast immer bei meinem Freund verbrachte. In dieser Lehre hatte man Blockunterricht, d.h. einmal im halben Jahr für sechs Wochen Schule. Mein Lehrherr war der festen Überzeugung, dass ich vollkommen fehl am Platze war. Dennoch bestand ich seltsamerweise die Zwischenprüfung mit 1,7. Dann kam das letzte Lehrjahr – der total entgegengesetzte Fall. Mein nächster Lehrherr war ein Junggeselle, der mit seinen Eltern lebte. Ich wurde wie eine Tochter aufgenommen. Dazu muss man wissen, sie hat-

Lehrjahre

ten ihre Tochter drei Jahre vorher durch einen Verkehrs-
unfall verloren. Dieser Lehrherr hat sich wirklich gekümmert, und ich wusste wieder, ich war auf dem richtigen Weg. Er hat meine Liebe zu Tieren verstanden,
mich selbstständig mit ihnen arbeiten lassen. Meine
große Liebe galt ja immer noch den Kühen und deren
Zucht. Ich durfte die Deckbullen aussuchen, wir besuchten Auktionen. Dort habe ich mein Händchen für
leistungsstarke Rinder entdeckt. Stundenlang konnte
ich den Deckbullenkatalog studieren. Es war eine sehr
schöne Zeit. Allerdings musste ich dort auch meine
Schwäche kennenlernen. Denn mit Maschinen, sei es
Trecker, Güllefass, Siloentnahmegerät usw. ausgenom-
men der Melkmaschine, hatte ich meine liebe Last. Zu

meinem Glück hatte damals die Technik noch nicht die Bedeutung wie heute. Deswegen kam ich sehr gut zurecht und alle Beteiligten waren zufrieden. Meine Abschlussprüfung, die ich mit einer Zwei abschloss, bestätigte das dann auch. Ich habe auch sofort eine Einstellung als Tierwirt in einem großen Milchwirtschaftsbetrieb gefunden, sogar mit eigener Wohnung, allerdings ohne Küche, sodass ich die Mahlzeiten mit der Familie einnehmen musste. Ein Ehepaar im mittleren Alter mit zwei Töchtern. Der Frau gehörte der Betrieb und sie bildete noch zusätzlich in der ländlichen Hauswirtschaft aus. Sie hatte das Sagen und traf die wichtigsten Entscheidungen. Der Mann arbeitete wohl als Landwirt auf dem Hof, aber ich denke, für einen Mann ist es noch schwieriger einzuheiraten als für Frauen. Anfangs war mein Chef ja noch auf meiner Seite, aber das ging der Chefin vollkommen gegen den Strich. Ich tat mein Bestes, doch nie war es genug. Die meiste Zeit war ich der Prügelknabe, wenn irgendwas nicht rundlief. Doch sie war auf mich angewiesen, da ihr Mann wegen seiner Knie- und Rückenprobleme des Öfteren im Krankenhaus lag. Da kam es auch schon mal vor, dass ich sechs Wochen durchgearbeitet habe – ohne einen Dank! Aber egal, ich hatte meine Viecher und die Menschen waren mir ziemlich egal. Und für die Treckerarbeiten hatten sie jemand zusätzlich eingestellt. Irgendwann fiel mir das Arbeiten immer schwerer: Ich war schwanger und musste kündigen. Damals heiratete man dann ja. Zu dem Zeitpunkt waren wir immerhin schon fünf Jahre zusammen. Meine Eltern waren zwar auch überrascht, aber mehr positiv. Doch für die Eltern meines Mannes war es schon schwieriger. Bis dahin hatten sie nicht wirklich geglaubt, dass ich die Schwiegertochter werden würde. Von meinem Mann wusste ich, dass sie nicht in totale Begeisterung ausgebrochen sind. Deswegen war der erste Besuch nach dieser Neuigkeit wie der Gang zur Schlachtbank. Erschwerend kam noch hinzu, dass mein zukünftiger Schwiegervater schon seit Jahren Alkoholiker war. Immer, wenn zu viel negativer Druck da war, griff er zur Flasche – so wie auch an diesem Tag. Die Schwiegermutter verhielt sich wider Erwarten sehr freundlich. Unter Hochdruck wurde die Hochzeit arrangiert, bei der ich absolut nichts zu sagen hatte. Außer bei meinem Brautkleid hatte ich kaum ein Mitspracherecht. Die Hochzeit war ein Traum, wunderschön.

Das Haus mussten wir mit Schwiegereltern und zwei Geschwistern meines Mannes teilen. Meine zukünftige Schwiegermutter schlug mir eine eigene Küche vor. Was ich dummes Ding aber abschlug, da ich bis zu diesem Zeitpunkt noch nie irgendetwas Hauswirtschaftliches gemacht hatte. In diesen Dingen war meine Mutter fürchterlich eigen, da ließ sie keinen ran. Die Küche war ihr Himmelreich! Ich konnte weder Kartoffeln schälen, geschweige denn Zwiebeln schneiden oder auch nur Nudeln kochen.

Nach der Hochzeit wurde ich von meiner Schwiegermutter ziemlich bald ins kalte Wasser geschmissen, wenn es um den Haushalt ging. Das Notwendigste brachte sie mir bei, aber dann musste ich mal sehen, wie ich zurechtkam.

Nebenbei wurde ich im Stall immer da eingesetzt, wo gerade Not am Mann war oder wozu die anderen keine Lust hatten. Die Kühe waren für mich tabu, da mein Schwiegervater genauso vernarrt in sie war wie ich.

Bald wurde meine Tochter geboren. »Nun ja, ihr seid ja noch jung – da kann der Junge ja noch kommen«, war der Kommentar, als meine Schwiegermutter mich im Krankenhaus besuchte. Der erwünschte Hofnachfolger kam dann auch zwei Jahre später, ein Jahr danach noch eine Tochter und nach weiteren zwei Jahren noch mal ein Sohn. Meine Schwägerin bekam ebenfalls drei Kinder jeweils in denselben Jahren und so hatten wir sieben Kinder auf dem Hof. Es war eine unendlich schöne, aber auch total arbeitsintensive Zeit, denn ich war zwischendurch auch immer noch im Stall tätig und habe die Kinder einfach mitgenommen. Sie hatten ja jede Menge Platz zum Spielen. Bis heute stehen sie sich so nah wie Geschwister. Heute denke ich zurück und weiß wirklich nicht, wie wir das alles auf die Reihe bekommen haben. Aber ohne Schwiegermutter wäre es auch nicht gegangen. Meine Schwiegermutter war eine sehr dominante Person, das musste sie auch sein. Denn durch die Alkoholkrankheit meines Schwiegervaters wäre der Hof sonst sicher nicht mehr vorhanden. Immer wieder stand sie alleine da und musste entscheiden. Nicht alle Entscheidungen waren richtig, denn als ich kam, stand der Hof kurz vor dem Ruin. Doch mein Mann und ich haben es mithilfe meiner Schwiegereltern geschafft, uns aus dem Sumpf zu holen. Als dann mein Schwiegervater ins Rentenalter kam, hat er zu unserer totalen Überraschung uns auch sofort den Hof überschrieben. Was für meine Schwiegermutter alles andere als leicht war. Doch bislang haben wir sie nicht enttäuscht. Mein ältester Sohn wollte nach einigem Hin und Her doch Landwirt werden. Die Lehre hatte er erfolgreich absolviert. Allerdings hatte er mit Kühen absolut nichts im Sinn. Und da unsere Melkanlage den Geist aufgegeben hatte und Sohnemann darin nichts investieren wollte, mussten wir die Kühe aufgeben, sodass wir jetzt nur noch Bullenmast, Kälberaufzucht und ein paar Mastschweine haben. Bis hier lief es mit großen und kleinen Schwierigkeiten relativ glatt.

Dann kam der Tag, an dem sich alles änderte. Das Schicksal schlug grausam und unbarmherzig zu. Unser Sohn und Hofnachfolger kam bei einem Autounfall ums Leben. Es warf uns total aus der Bahn. Das Mitgefühl meiner Freundinnen und auch der ganzen Dorfgemeinschaft hat uns nicht total verzweifeln lassen. Ich denke, so etwas kann nur in einer Dorfgemeinschaft funktionieren.

Heute bewirtschaften unser jüngster Sohn, der letztes Jahr mit seiner Lehre fertiggeworden ist, und mein Mann den Hof alleine. Da das meiste ja doch mit Maschinen gemacht wird, fällt es mir nicht ganz so schwer, nicht mehr auf dem Hof tätig zu sein. Ich habe mir eine Tätigkeit in der nahe gelegenen Jugendherberge gesucht. Dort arbeite ich zwei- bis dreimal in der Woche. Ich begleite Schulklassen vom dritten bis zum achten Schuljahr durch diverse Programme, die dort angeboten werden. Wir versuchen, ihnen die Natur näherzubringen und den Teamgeist zu stärken. Auch sportliche Aktivitäten kommen nicht zu kurz.

Diese Aufgabe macht mir sehr viel Spaß und meine Kinder haben mich total gut darauf vorbereitet. Wenn im kommenden Sommer unser Sohn wieder die Schulbank drücken will, um Landwirtschaftsmeister zu werden, dann ist es klar, dass ich einspringen werde. Und ich freu mich schon drauf.

Marlise, ehem. Hauswirtschafts- und Handarbeitslehrerin, Baden-Württemberg

»Einen Bauern hättest du auch in der Schweiz gefunden!«

Mein Lebensweg begann 1954 in Zürich. Als drittes Kind einer gutbürgerlichen Familie wuchs ich in einem größeren bäuerlichen Dorf auf. Ich war, so sagt man mir, von Beginn an ein ausgesprochen fröhliches, unbesorgtes Kind.

Die wirtschaftliche Struktur des Dorfes war geprägt von einer größeren Molkerei: Zum einen lieferten alle Bauern abends und morgens ihre Milch ab, zum anderen arbeiteten die meisten restlichen Dorfbewohner in diesem Betrieb. Mein Vater hatte dort die Stelle als Personal- und Einkaufschef. Das heißt, er war mit allen Bauern, aber auch mit den meisten anderen Dorfbewohnern beruflich konfrontiert. Diese Stellung war für unsere Familie nicht immer leicht, denn jegliche Probleme mit dem betrieblichen Personal oder den Bauern spürten wir Kinder in der Schule oder beim Spiel.

Die Herkunft meiner Eltern war sehr unterschiedlich. Meine Mutter stammte aus einer armen, kinderreichen Bauernfamilie, die immer von Pachthof zu Pachthof zog, mein Vater stammte aus einer gutbürgerlichen Briefträ-

gerfamilie. Mein Vater hatte als klassisches Familienober-
haupt das Sagen und so spürten wir Kinder zwar immer
die unausgesprochene Liebe der Mutter zur Landwirtschaft, aber nach außen wurden die klaren Abgrenzungen
gegenüber Bauern und einfachen Fabrikarbeitern gehand-
habt. Meine Eltern suchten genau aus, welche Kinder für
unseren Umgang gut waren und welche nicht. Mein Vater
sagte immer etwas zynisch, die Bauern seien die reichsten
Leute, aber ich konnte das nicht in Einklang bringen mit
dem mir bekannten einfachen Bauerndasein.

Die Eltern meiner besten Freundin Rosmarie hatten eine kleine Landwirtschaft. Im Haus war es nie so sauber und ordentlich wie bei uns, aber es war eine herzliche und fröhliche Stimmung. Die Kinder durften einfach leben ohne allzu viele gesellschaftsbedingte Einschränkungen. Sätze wie: »Das gehört sich nicht!«, »Was denken da die Leute!«, »Das tut man nicht« »Das tun wir nicht!« »Aber nicht wir!«, glaubte ich nur bei uns zu Hause zu hören. Wie hätte ich mir so ein Leben gewünscht. Meine ältere Schwester und ich waren meist gleich gekleidet. Ich hasste dies, denn spätestens am frühen Mittag stellte meine Mutter fest, dass ich schon schmutzig war, während meine Schwester noch in blinkblanken Kleidern erstrahlte. Aber ich war nun mal kein Kind, das sich ins Zimmer zurückzog und ein Buch las. Draußen im Sandkasten, singend schaukeln, mit anderen Kinder das Dorf und die Natur erkunden, das waren meine Lieblingsbeschäftigungen. Ich erinnere mich noch genau, dass ich immer Angst hatte, bei Rosmarie in den Stall zu gehen, da meine Eltern sofort den Stallgeruch an den Kleidern wahrnahmen. Einmal hatte ein Schwein Junge gekriegt und ich hatte im Stall nur ganz kurz die kleinen Ferkel angeschaut. Zu Hause konnten meine Eltern die Freude über die quiekenden Winzlinge nicht mit mir teilen. Ich musste mich sofort umziehen, duschen und ins Bett.

Ein andermal musste ich auf unserem geteerten Garagenplatz spielen, während meine Freundin auf der benachbarten Obstwiese mit ihrem Vater mit einer Rohrleitung Jauche verteilte. Während ihr Vater am Schluss nach Hause eilte, um die Pumpe abzustellen, musste Rosmarie noch den Schlauch halten. Ohne Erlaubnis ging ich zu ihr, um zu plaudern, dabei entwischte Rosmarie durch den starken Druck der Schlauch und schon war ich von Kopf bis Fuß mit stinkender Jauche übergossen. Wie eine »Pechmarie« watete ich tropfend und stinkend nach Hause. Der Ärger war groß, denn diese Misere in einem Privathaushalt zu beseitigen, war nicht einfach, zumal wir damals noch in einem Mehrfamilienhaus im obersten Stock wohnten und ich so triefend nass voll Gülle das ganze Treppenhaus hochwatscheln musste.

Grundsätzlich war ich ein Kind der Natur. Was gab es Schöneres, als im Freien zu arbeiten! Bei der familiären Arbeitseinteilung wurde das immer berücksichtigt, und so war ich schon glücklich, wenn ich Schuhe putzen durfte, denn diese Arbeit verrichtete man auf dem Balkon.

Als ich dann in die Pubertät kam, war bald klar, dass ich die vorgegebenen gesellschaftlichen Erwartungen unserer Eltern einfach nicht erfüllte. Ich war immer öfters mit Rosmarie unterwegs und genoss ihre Freiheiten, ohne die Einschränkungen meiner Eltern zu beachten. Kontakt pflegte ich zu Personen jeglichen Standes, darunter zum Leidwesen meiner Eltern auch männlichen Geschlechtes, sogar zu Hauptschülern. Da ich in der Schule auch nur mittelmäßige Noten schrieb, wurde ich mit zwölf Jahren in ein Internat gegeben. Es war ein totaler Bruch zu mei-

nem bisher gelebten Leben. Umgeben von hohen Kloster-
mauern, war ich abgesehen von den Schulferien nur alle
vier Wochen einen Sonntag auf Besuch zu Hause. So verlor ich bald die Beziehungen zu meinen Freunden.

Notgedrungen knüpfte ich im Internat neue Kontakte und wählte anschließend das Studium zur Haus-
wirtschafts- und Handarbeitslehrerin. Privat begann ich
mich immer mehr, an der 68er Szene zu orientieren.
Hippie-Look, alternatives Leben auf dem Lande, kein
Kommerz, diese Attribute waren mir nahe, und so
lernte ich mit 20 Jahren in Taizé, einem ökumenischen
Dorf in Südfrankreich, einen langhaarigen Bauern aus
dem Allgäu kennen. Nach sechs Monaten Beziehung
war ich schwanger. Dieser Umstand ließ mir keine Zeit,
mich mit den Konsequenzen eines bäuerlichen Lebens
in Deutschland auseinanderzusetzen. Ich wollte in der
Schweiz meinen Lehrerberuf ausüben, mein Mann war
in seiner engen bäuerlichen Familienstruktur gefesselt.
Diese Schere lebten wir 18 Monate auf Kosten der Beziehung, dann kündigte ich meine Stelle und zog ins
Allgäu. Für meine Eltern war dieser Schritt nicht leicht.
Ihre Aussage: »Einen Bauern hättest du auch in der
Schweiz gefunden«, drückte alles aus. Auch der Abschied von meinem Sohn, den sie während meiner Abwesenheit sehr gut hüteten, war für sie schwer. Zudem
war ich trotz alledem das Kind, das in die Familie die
Leichtigkeit brachte, und das tat vor allem meiner Mutter sehr gut. Bei unseren gemeinsamen Arbeiten gab es

viel zu lachen, und das fehlte ihr als Ausgleich neben ihrem buchhalterischen Ehemann.

So saß ich, Hippiefrau mit Kind und Gitarre unter dem Arm, in einem Allgäuer Dorf auf der Haustreppe eines runtergewirtschafteten, mit Brennnesseln zugewachsenen, verwahrlosten Bauernhofes und war bald sehr einsam. Da Alfons' Eltern sich im Laufe der Zeit zu dem geerbten Hof mütterlicherseits noch zwei Hofstellen im Umkreis von 7 km kauften, bewirtschafteten sie zwar drei Ställe, aber bewohnten nur in einer Hofstelle ein Wohnhaus. Ich zog aus einem schönen Einfamilienhaus in der Schweiz in das Haus eines anderen Hofes abseits vom Schuss, das schon ein paar Jahre leer stand und davor an eine kinderreiche Alkoholikerfamilie vermietet gewesen war. Dementsprechend sah es aus. Mein Hab und Gut hatte in einem Auto Platz, Alfons besaß auch nichts. Wir fanden zwei Stühle, einen Tisch und Matratzen, ein Paar Ziegelsteine mit Brettern für ein Küchengestell. Wir hatten Glück, wenigstens ein Holzherd und ein Spültisch standen in der Küche, das Einzige, das in dem Haus mit »Plumpsklo im Freien« installiert war.

Alfons, unter der »Fuchtel« seiner Eltern stehend, arbeitete mit Bruder und Vater von morgens bis abends auf den drei Hofstellen und hatte kaum Zeit für uns.

Natürlich hätten sich seine Eltern für ihren Sohn lieber eine Bäuerin als eine Hippiefrau gewünscht, aber wir hatten nun mal einen gemeinsamen Sohn. Ich hatte keinen blassen Dunst von Landwirtschaft, Garten, Tieren

Das Braunvieh zieht heimwärts

und überhaupt dem Leben in einem kleinen Dorf, in dem man auf Schritt und Tritt spürte, dass es den Menschen der Elterngeneration damals nach dem Krieg nur ums Überleben und den wirtschaftlichen Aufbau ging, in dem die Partnersuche höchstens im Nachbardorf endete und in dem ganz klar war, was man tun und lassen musste. Über Alfons ließ mir meine Schwiegermutter ausrichten, dass man sich nicht mit »Hallo« oder »Hoi« begrüßt, sondern mit »Grüß Gott« oder »Guten Morgen«. Ich glaubte, meinen Ohren nicht zu trauen. So kleinkariert!

Als meine Eltern mich das erste Mal besuchten, waren sie erstaunt, dass an keinem Haus Blumen zu sehen waren, und genau so war der Alltag. Blumen, so äußerte sich meine Schwiegermutter, sind unnütz und Zeitverschwendung, ebenso, für sich einen schönen Bereich zu schaffen. Am Samstagabend stellte man die Landma-schinen in den Hinterhof, das Jauchefass so eng an die Hintertreppe, dass es von vorne nicht gesichtet wurde, dass wir aber die Treppe auch nicht mehr benutzen konnten. Hauptsache, die Leute sahen beim Kirchgang keine unaufgeräumten Maschinen. Aber ich wollte mir hier ein kleines Reich schaffen und begann, von Hand die Brennnesseln zu roden. Das wurde als unwichtig, als Luxus angesehen. Es ging nicht darum, wie unsere Le-bensqualität aussah, sondern was der Nachbar dachte und mit was Geld verdient werden konnte.

Da Alfons bis dahin für ein kleines Taschengeld ar-beitete und unsere Wohnung in einem erbärmlichen Zustand war, hatten die Eltern bald darauf die Hofstel-len geteilt. Wir konnten einen Teil pachten und in Ei-genregie führen, damit wir Geld fürs Renovieren hat-ten. Später erbten wir ihn.

Ich hatte also keine Großfamilie in unmittelbarer Nähe, mit der Folge, dass weder Alfons im Stall noch mir beim Kinderhüten jemand zur Seite stand. Wir versuch-ten es ein bis zwei Jahre mit einer Wohngemeinschaft, aber dieser Versuch scheiterte, und so begann für mich immer mehr der reale Alltag als Partnerin eines Bauern mit einem 16 ha großen Milchviehbetrieb, in dessen Ge-bäude bis dahin kaum etwa investiert worden war.

Als einer der ersten Betriebe in unserer Gegend stellten wir 1976 auf Bio um und versuchten, die damals vorhandenen, wenigen Infos in die Praxis umzusetzen. Dies war für Alfons' Eltern schwierig und auch von den Nachbarn und Berufskollegen wurden wir belächelt. Da jedoch Alfons im Dorf durch die Feuerwehr und den Kirchenchor integriert war, blieb trotzdem der Kontakt von seiner Seite zur Dorfbevölkerung bestehen, während ich als selbstbewusste Ausländerin im Hippie-Look kaum Zugang hatte. Bestimmt lag es auch an mir, denn es prallten für mich zwei Welten aufeinander.

Kann es sein, dass am Sonntag die Frauen nach der Kirche mit den Kindern nach Hause zum Kochen gehen und der Mann in den Frühschoppen, nach dem Essen die Frau spült und die Kinder beschäftigt, während der Mann bis zur Stallzeit den »wohlverdienten« Mittagschlaf macht? Kann es sein, dass ein Mann sich geniert, wenn er am Werktag mit seinen Kindern durch das Dorf spaziert? Kann es sein, dass eine Frau an der Haustüre jedes Mal nach dem Chef gefragt wird, obwohl sie genauso kompetent ist wie der Mann und meistens noch mehr arbeitet, sofern Hausarbeit und Kindererziehung als Arbeit gelten? Kann es sein, dass eine Frau immer in den Stall muss, obwohl kleine Kinder zu betreuen sind? Kann es sein, dass ein Bauer aus Prinzip mit stinkenden Stallkleidern am Tisch sitzt? Darf man wirklich einer Kuh das Kalb hinten raus-ziehen und wegtragen, ohne dass die Mutterkuh Kontakt zu ihm aufnehmen kann?

Diese und viele andere Fragen beschäftigten mich und

ich veränderte auf unserem Hof die Verhaltensmuster, so gut es ging. Auch wenn Alfons in vielem gleich dachte wie ich, war für ihn die Position nicht leicht. Es gab Zeiten, da brachte ihn mein dauerndes Hinterfragen alles Alteingesessenen zur Weißglut, und im Geheimen wünschte er sich verständlicherweise ein hiesiges Bauernmädchen als Partnerin. Er musste sich auch öffentlich anhören lassen, dass bei uns ja die Frau die Hosen anhabe.

Dank meines früheren Berufes und meiner Lebensweise wurde ich angefragt, ob ich im Bildungswerk als Referentin in der Erwachsenenbildung tätig werden wolle. Diese Herausforderung nahm ich gerne an. Gesunde Ernährung, ganzheitliches Leben, die Stellung der Frau, feministische Theologie sind nur ein paar meiner Themenschwerpunkte von damals.

In den nächsten Jahren haben wir mit der Dorfbevölkerung erst unsere internationale »Zigeunerhochzeit« gefeiert und danach zu unserem Erstgeborenen noch vier weitere gesunde Kinder bekommen. Nach der Geburt des fünften Kindes erfüllte ich mir einen Traum: Ich begann, Querflöte zu spielen, und nahm alle zwei Wochen Unterricht. Das dauerte zwei Jahre, dann ließ ich es leider bleiben. War es Unlust oder Zeitmangel oder schlechtes Gewissen gegenüber Alfons oder von allem ein bisschen? Ich weiß es heute nicht mehr.

Meine Schwiegereltern wohnten nur in 2 km Entfernung. Sie kamen aber nur zu den Geburtstagen. Es war für sie schwierig, unser, nicht nach ihrem Vorbild gestaltetes Leben auf ihrem ehemaligen Hof zu akzeptieren. Besonders Alfons' Mutter identifizierte sich mit dem Hof, da er das Erbe ihres im Krieg gebliebenen Bruder war. Sie hatten hier gewohnt, bis Alfons zehn Jahre alt war und sie den zweiten Hof gekauft hatten.

Wir hatten immer wieder Praktikanten, einige wollten eine Lehre machen. Jemand von uns musste für die notwendige Ausbildungserlaubnis die Meisterprüfung absolvieren. Für Alfons wäre dies im konventionellen Bereich unmöglich gewesen, deshalb machte ich 1986 die Ausbildung in Kurzversion, da ich ja mit meinem erlernten Beruf schon viele Voraussetzungen erfüllte. Mir fehlte quasi nur der ländliche Teil. Diese Ausbildung brachte mich das erste Mal mit Menschen aus dem bäuerlichen Milieu zusammen, die zwar auch anders waren, aber offen und interessant.

Anschließend bildete ich drei Lehrlinge aus. Es waren immer Frauen nach dem Abitur, ohne bäuerliche Herkunft, und plötzlich war ich auf der anderen Seite. Ich war Vermittlerin der bäuerlichen Lebens- und Arbeitsweise. Im Nachhinein merke ich, dass diese Zeit für mich sehr gut und wichtig war. Später, als unsere ältesten Kinder mithelfen konnten, haben wir auf Lehrlinge und Praktikanten verzichtet. Das war vor allem für mich eine große Umstellung, da die Inspiration von außen wegfiel.

Unser Betrieb entwickelte sich weiter, ich mischte tatkräftig an dieser Entwicklung mit, entfaltete meine kreativen Ideen und identifizierte mich immer mehr mit dem

Hof. Manchmal frage ich mich: Was ist aus mir geworden, was haben die Umstände aus mir gemacht?

Ich bin eine fast klassische, pflichtbewusste Bäuerin geworden, habe das Gefühl, ohne mich läuft der Betrieb nicht, tue mich schwer, mir Auszeiten zu nehmen, und stehe gleichwertig mit Alfons in der Verantwortung für den Betrieb. Ich kann den Hof ohne Alfons über Tage hinweg selbstständig führen, zugegeben, ich wurde fast gezwungen, da Alfons 15 Jahre im Kreistag tätig war. Ich kann mit allen Maschinen umgehen und sogar im Wald mit der Motorsäge arbeiten. Wenn der Nachbar zu Alfons sagt: »Meine Frau muss nicht im Wald mit der Motorsäge arbeiten, sie darf ins Büro«, dann lächle ich in mich hinein und denke: »Zum Glück bin ich nicht seine Frau!« Ich vermarkte selbst Produkte vom Hof, habe einen großen Kundenkreis und niemand ahnt, dass ich aus einem bürgerlichen Privathaushalt stamme. Von der alternativen Vergangenheit sind natürlich auch noch Spuren zu finden. Ich backe im hofeigenen uralten riesigen Holzbackofen 50 Laibe von Hand geknetete Brote, baue Gemüse in großem Stil und mache Joghurt, Quark etc. selbst. Jedes Jahr brüten meine Nichthybrid-Hühner und wandern durch die Gegend, eine Augenweide beim Beobachten. In alternativer Medizin habe ich mich weitergebildet und behandle zu 90 Prozent unsere Tiere selbst. Ich erledige die gesamten Büro- und Computerarbeiten, vertrete diesbezüglich den Betrieb nach außen, habe alle termingebundenen Angelegenheiten im Griff, und wenn jemand

Ein herrlicher Platz zum Ausruhen

nach dem Chef fragt, sage ich: »Die Chefin ist jetzt da, sie steht vor ihnen!« Seit die Kinder groß sind, stehe ich jeden Morgen ohne Wecker auf, das war ein großer Wunsch von mir. So gehe ich im Normalfall erst um ca. 8 Uhr in den Stall. Eigentlich würde ich gerne wieder Querflötenunterricht nehmen, doch seltsam, damals mit fünf Kindern am Rockzipfel hab ich das geschafft, und jetzt, da alle Kinder aus dem Haus sind, ich den vollen Überblick über den Hof habe und mich damit zum großen Teil identifiziere, fällt dieser Wunsch der Arbeit zum Opfer. Das ärgert mich, ich bin aber momentan noch nicht wirklich bereit, diesen inneren Konflikt zu lösen.

Wir hatten Glück, unsere Beziehung ist an diesen unterschiedlichen Ausgangspositionen nicht gescheitert, sondern gewachsen. Unsere fünf Kinder sind selbstbewusste Persönlichkeiten geworden, die meinen und sagen, die schönste Kindheit erlebt zu haben, und die das bäuerliche Leben lieben und schätzen. Wenn sie aber mal in einer Lebenskrise stecken, können wir ihnen aus eigener Erfahrung sagen: »Es geht nicht ohne Krisen im Leben, meistens geht man gestärkt hervor.«

In Bezug auf die Dorfbewohner sind wir jetzt immer noch speziell, aber im Gegensatz zu früher herrscht eine gegenseitige Toleranz und Akzeptanz. Es wird nicht mehr nur heimlich beobachtet, sondern auch darüber gesprochen. Da wir unterdessen den einzigen Vollerwerbsbetrieb in Dorf haben, helfen sie gern aus bei Arbeitsspitzen und wir geben ihnen von unseren Naturalien.

Auch in unserem Dorf hat die Feizeitgesellschaft Einzug gehalten und wir werden durch sie und durch viele Freunde, die nicht von der Landwirtschaft leben, immer wieder mit unserer freizeitarmen Arbeit konfrontiert. »Der Urlaub lässt grüßen«, »Wir haben bis 10 Uhr geschlafen« und ähnliche Sprüche erreichen uns auf Postkarten. Es gibt sicher Momente, in denen ich mir auch so ein Leben wünschen würde, vor allem, wenn mehrere Tiere gleichzeitig krank sind oder sonst was schief läuft, d. h. meistens, wenn ich mich überfordert fühle. Sollte es dann noch schwierig in der Beziehung werden, würde ich am liebsten den Laden hinschmeißen, aber so einfach ist es nicht. Ich bin unterdessen zu stark mit dem Hof verwachsen und es gibt viel mehr

Momente, in denen ich mein Leben und Arbeiten als schön empfinde. Wenn wir unsere Kühe am Nachbarn vorbeitreiben, der sich stundenweise in der Sonne bräunen kann, bin ich froh, in meiner Position zu sein. Das Schönste ist, wenn ich ohne Zeitdruck draußen im Garten bei den Blumen oder im Gewächshaus arbeiten kann; nur selten würde ich das Kaffeetrinken in der Stadt dieser Tätigkeit vorziehen.

Mir ist nach wie vor wichtig, dass es Lebensbereiche gibt, die sich von der landwirtschaftlichen Arbeit absetzen. So gibt es bei uns auch schön gestaltete Außenbereiche mit vielen Blumen und duftenden Rosen zum Relaxen und wir ziehen auch für die Wohnung immer saubere Kleider an. Aber die meisten anderen landwirtschaftlichen Betriebe haben sich auch in dieser Richtung gewandelt und ich weiß, dass ich mich von den hiesigen Bäuerinnen nicht mehr abgrenzen muss, sondern von ihnen auch lernen kann. Da ich mich seit 20 Jahren mit beruflich unterschiedlichen Frauen aus der Region zu einer großen Bandbreite von Themen regelmäßig treffe, werde ich trotzdem weiterhin nicht zu Landfrauentreffen gehen und auch nicht im Kirchenchor mitsingen, da ich zur Institution Kirche ein gespaltenes Verhältnis habe. Alfons würde sich wünschen, dass ich mich im Dorf noch mehr einbringen würde, aber vorerst passt das für mich so, wie es ist.

Vor drei Jahren wurde Alfons vom Stier angegriffen und es sah zuerst sehr schlimm aus. Da tauchte bei mit die Frage auf: »Was würde ich tun, wenn Alfons frühzeitig sterben würde?«

Sonntägliche Pflichtübung

In die Schweiz ziehen? Der Landwirtschaft den Rücken kehren?

Nein, der bäuerliche Betrieb ist meine Leidenschaft geworden und meine Heimat ist jetzt hier. Wir haben aus einer runtergewirtschafteten Hofstelle einen wunderschönen Bauernhof gestaltet mit wenig Eigenkapital und viel Kreativität. Ich fühle mich in den täglichen Rhythmus fest eingebettet. Klar raubt der Hof mir auch die Freizeit zum Reisen, aber ich genieße eine andere Freiheit. Ich fühle mich innerlich sehr frei, frei von gesellschaftlichen Zwängen wie »du sollst …, du musst …, so muss es sein«. Die Zwänge, die ich verspüre, sind eher Verpflichtungen für die Tiere und die Natur. Ich bin Frau und Meisterin über mein Leben und Arbeiten. Die Vorteile spüre ich immer, wenn ich mit frustrierten Angestellten spreche. Ich schätze aber auch meinen Beruf, wenn ich mit Selbstständigen einer anderen Berufsbranche spreche. Ihr Stress ist oft im Kopf, und das wäre für mich schlimmer als zu viel körperliche Arbeit, das spüre ich schon nach nur einem Bürotag. Es ist keine wohlige, sondern eine stressige Müdigkeit.

Mein Englisch ist unterdessen so schlecht, dass ich damit nicht mehr durch die Welt kommen würde. »Habe ich jetzt was verpasst, kann ich das in der Rente nachholen, muss ich es noch nachholen oder bin ich auch so mit meinem Leben zufrieden?« Ich bin bestimmt ein Mensch, der gerne zu Hause ist. Trotzdem kann ich diese Fragen für mich noch nicht eindeutig beantworten. Ich weiß nur, dass ich nach einer Woche Urlaub sehr gern wieder nach Hause komme. Ob das mal anders ist, wenn ich keine Verantwortung mehr trage, ist die Frage.

Kurze Freiräume, z. B. während Tagungen zu interessanten Themen, sind mir bis dahin wichtiger. Um mir immer wieder diese Freiräume zu schaffen, brauche ich viel Kraft und einen klaren Willen. Es liegt in meiner Hand, denn mein Partner ist nicht dagegen, und das ist manchmal ganz schön schwierig. Ja, ich muss noch lernen, loszulassen und nicht zu glauben, ich sei unersetzbar. Ich muss akzeptieren, dass jemand die Arbeit anders macht als ich, weil er nicht so geübt ist oder warum auch immer – es führen viele Wege nach Rom!

Meine Eltern leben noch und schätzen unterdessen unsere Landwirtschaft. Meine Mutter fiebert beim Heuen immer mit und ihren Freunden zeigen sie stolz Bilder von unserem Hof.

Meine Schwiegereltern sind gestorben. Auf dem Sterbebett hat meine Schwiegermutter ausgedrückt, wie dankbar sie ist, dass Alfons eine so gute Frau und Bäuerin gefunden hat. Diese Wertschätzung von ihrer Seite hat mich sehr bewegt und gefreut.

In fünf Jahren kommt mein Mann in die Rente und dann …

Unser Betrieb ist unterdessen in einem guten Zustand, wir bewirtschaften 35 ha Grünland, haben 28 Milchkühe und die nötige Nachzucht dazu. Drei Reitpferde, das Erbe unserer flügge gewordenen Kinder, stehen auf unserem Hof und werden von Stadtkindern geritten. Wir haben vor zwölf Jahren einen Außenklima-Laufstall für behorntes Vieh gebaut. Wir achten auf artgerechte Tierhaltung und die Kühe dürfen nach dem Abkalben mit ihrem Kalb einige Tage in einer Box verbringen. Unser Wohnhaus steht bestens da, nicht luxuriös, aber bäuerlich, heimelig, gemütlich, gut isoliert und im Winter warm. Unsere betriebswirtschaftliche Bilanz kann sich sehen lassen. Ob mal ein Kind den Betrieb weiterführen wird, ist noch offen. Wir forderten unsere Kinder auf, ihre Berufe frei zu wählen, in die Welt zu ziehen und zu prüfen, was für sie stimmt. Wir wollen auch offen sein, in welcher Form der Hof weitergeführt wird. Auch die nächste Generation soll wieder Neues einbringen und ausprobieren, so wie wir dies von unseren Vorfahren auch eingefordert haben.

Und was will ich in der Rente?

Wer hätte es gedacht: Am liebsten wäre mir, ich könnte in erreichbarer Nähe (100 m Abstand) in einem Alterssitz wohnen, hie und da auf dem Hof mithelfen (gebraucht werden), ansonsten meinen Garten pflegen und wissen, ich kann (könnte!!) alles tun und lassen, was ich gerade will.

Als Kind stellte ich mir immer vor, wie schön es sein muss, als runzlige alte Frau in der Natur auf einer Bank zu sitzen, die faltigen Hände im Schoss, mit klaren Augen und einem zufriedenen, gelassenen Gesichtsausdruck.

Ob ich das schaffe? Ich bin auf dem Weg. Und der Weg ist das Ziel.

Erdbeerzeit

Es ist Erdbeerzeit! Die Küchenuhr zeigt 21.30 Uhr, tickt
leise und unaufdringlich vor sich hin. Natürlich immer
weiter. Der Geschirrspüler arbeitet verlässlich im Hintergrund und das ablaufende Wasser unterbricht gur-
gelnd den besonderen Takt dieses Abends. Auf dem
Herd kocht Erdbeermarmelade vor sich hin, blubbert
und sprudelt. »Eingefangener Sommer« von köstlich roten duftenden Beeren; bereit, uns im Winter mit seinem Aroma an die Freuden des Sommers zu erinnern.

Sonst ist es still im ganzen Haus. Alle sind an diesem
Sommerabend ausgeflogen. Mein Mann Ottfried versucht, in Lüneburg auf einer Sitzung der Milcherzeu-
gergemeinschaft die Interessen der Milchviehhalter zu
vertreten, unser Sohn Niklas ist mit Freunden zum
Schwimmen gefahren, unser Sohn Henning und seine
Freundin Denise renovieren eifrig ihre neue Wohnung.
Unsere Ferienkinder Pascal, Emil und Gustav (Kinder
unserer Freunde) nutzen den Abend, um noch einige
Runden mit den Fahrrädern zu drehen. Eigentlich waren sie nach einem langen, heißen und ausgefüllten Tag
schon recht müde, doch ein stärkendes Abendbrot mit
köstlichem kalten Kakao hat die »müden Krieger« wie-

Kinderbild mit Uroma

der auf die Beine gebracht. Also wieder an die frische Luft. »Ihr denkt noch ans Duschen?«, erinnere ich sie. Sie rennen fröhlich aus dem Haus und rufen: »Lohnt sich eh nicht, morgen sehen wir wieder genauso aus!« »Aber ihr riecht dann besser!«, antworte ich. Hoffentlich überzeugt sie das.

Ich genieße die heilsame Ruhe, sitze am Küchentisch bei weit geöffnetem Fenster und lasse mir den Duft der frischen Erdbeermarmelade um die Nase wehen. Frische kühle Abendluft gemischt mit Erdbeeraroma, dazu ein frischer spritziger Weißwein und Chipsreste vom Geburtstag vergangener Woche. Zeit zum Nachdenken, In-sich-Gehen, Marmeladeumrühren, Zeit zum Erinnern. Der Duft frisch gekochter Marmelade zieht sanft durch das Haus und zieht ganz behutsam Kindheitserinnerungen hinter sich her, auf die ich mich an diesem friedlichen Abend gerne einlasse:

Kindheit auf dem Lande, aufgewachsen in einem 300-Seelen-Dorf, mit allem, was dazugehört: Tante-Emma-Laden, Dorfschmiede, Gasthaus, Kirche, Dorfschule, kleine Handwerksbetriebe, zahlreiche Bauernhöfe, die zu der Zeit – 1961 bis 1980 – das Dorfbild und das Dorfleben maßgeblich prägten. Dorfgemeinschaft mit vielfältigen kleinen Vereinen, viel Arbeit und ein meistens harmonisches Zusammenleben aller Generationen.

Der Laden in unserem Dorf Garlstorf war eigentlich ein Tante-Lore-Laden, weil die Besitzerin Lore hieß. Bei ihr gab es fast alles, was man zum täglichen Leben brauchte. Für uns Kinder war es etwas ganz Besonderes, wenn so gegen Ende Mai die Eisfahne wieder rausgehängt wurde. Diese war das Werbezeichen einer ganz bestimmten Eismarke und für uns Kinder ein verlockendes Zeichen: Es gibt wieder Eis am Stiel. Der Sommer wurde damit eingeläutet. Man durfte endlich Kniestrümpfe tragen und barfuß laufen. Wenn die Eisfahne im Spätherbst eingerollt wurde, erfüllte das uns Kinder schon mit Wehmut. So hielten wir uns dann an die leckeren bunten Süßigkeiten, die sich in großen Schraubgläsern im Ladenregal präsentierten. Für zwei Groschen bekamen wir zwei kleine Hände voll, die wir stolz davontragen konnten, begleitet von dem köstlichen Duft nach Kindheit, der immer aus den Gläsern strömte, wenn sie von Tante Lore mit einer geübten Handdrehung geöffnet wurden.

In diesem Dorf wurde ich 1961 als älteste Tochter meiner Eltern geboren und bin in einem Handwerkerbetrieb aufgewachsen. Mein Vater und Großvater betrieben einen Malereibetrieb, waren also selbstständig, hatten Gesellen und Lehrlinge und immer sehr viel zu tun. Die traditionelle Großfamilie prägte meine Kindheit und die meines Bruders Joachim, der 1966 zur Welt

Insel der Ruhe

kam. Wir waren also zu sechst: Großeltern, Eltern und zwei Kinder. Der Leitsatz: »Erst die Arbeit, dann das Vergnügen!«, stand wie ein ungeschriebenes Gesetz über unserem großen geräumigen Haus.

Ein Betrieb, der die ganze Familie ernährte und forderte, ein riesiges schönes (den Wert erkannte ich erst viel später) Wohnhaus, welches vieler Pflege bedurfte, ein gewaltiges Grundstück, rundherum mit zauberhaften Ecken zum Träumen und Erholen, aber auch scheinbar nie enden wollender Arbeit, denn es gab einen großen Gemüse- und Obstgarten. So waren meine Sommerferien gut verplant: helfen beim Gemüseernten, Johannisbeeren pflücken, Bohnen abmachen, Apfelmus kochen und Erdbeermarmelade zubereiten. Damals oft lästige Pflichten, heute im Rückblick ein unschätzbarer Wert an vielem, was uns als Kindern gerade auch von unserer Mutter vermittelt und mitgegeben wurde. Heute kann ich darüber lachen, aber als Kind konnte ich nicht verstehen, warum man im Sommer keine Bananen kauft, dass man frische Marmelade isst und kein Nutella, dass wir drei Tage Bohneneintopf aßen, weil sie gerade reif waren und keine Nudeln mit Tomatensoße, dass jeder, der Hände hatte, Johannisbeeren pflücken musste und ich nicht trotz der großen Hitze zum Baden mit den Freundinnen durfte.

Heute weiß ich: Das hatte etwas mit Sparsamkeit und Wirtschaftlichkeit zu tun, jede Mark wurde von meiner Mutter rumgedreht. Die Ernte aus dem eigenen Garten war so besonders wertvoll und selbstverständlich die

»Handarbeit« dazu eben erforderlich. Ohne Murren und Gemecker. Die ganze Ernte wurde sinnvoll verwertet, nichts wurde weggetan. Vorräte wurden gewissenhaft angelegt. »Wertvolles aus dem eigenen Garten!«

Wertvoll war auch die Zeit, die wir Kinder dann mit den Erwachsenen intensiv verbrachten. Stundenlang mit Mami und Omi Erbsen pulen oder Möhren schälen. Dabei wurden spannende Geschichten von »früher« erzählt, die mir eine Ahnung davon vermittelten, wie meine Eltern und Großeltern einmal Kinder waren und es weitaus schwerer hatten als wir. Ich bekam eine besondere Achtung vor diesen Generationen. Ich möchte fast sagen Respekt, Anerkennung und vor allem Zuneigung.

Es war ein liebenswertes Miteinander beim gemeinsamen Leben, Wohnen und Arbeiten. Nur ein Beispiel: Ein heftiges Sommergewitter am Abend, dampfende Pfützen auf der Dorfstraße, in der wir Kinder ausgelassen toben. Dazu in der Küche zur Stärkung frisches Brot, von meiner Mutter gebacken. Noch warm, die Butter zerläuft. Obendrauf glänzend rote Marmelade. Frieden und Geborgenheit pur, und das ist es, was ein Leben lang im Herzen bleibt. Unantastbar, immer wieder in Erinnerung zu holen.

Und dann waren da die Bauern des Dorfes. Ich beneidete sie nie. Auch in unserer Verwandtschaft erlebte ich, was es bedeutete, solch ein Unternehmen zu führen. Nur Arbeit von morgens bis abends, nie Freizeit, keine Zeit für die Kinder, nichts von Dorfidylle. Ich und

Landwirtschaft? Nie! Ferien bei Tante und Onkel, das war toll, kleine Kätzchen, rosa Ferkel und entzückende Kälbchen, die ich tränken durfte, aber als Lebensinhalt?

Doch es kam ganz anders …

Nach dem Abitur 1981 begann ich erst einmal eine Ausbildung zur Arzthelferin bei einem Internisten in Lüneburg, um mich dann beruflich weiter zu orientieren. Zeitgleich besuchte ich mit Freundinnen Feten, Feste und Landjugendbälle. Auf einem dieser Feste sprach uns eine Gruppe junger, gut aussehender Männer an und lud uns zu einem Sekt ein. In dieser Sektlaune fragten sie uns, ob wir nicht bald heiraten wollten. Wir waren empört, wir waren noch jung und wollten was erleben. Um auf ihren Humor einzugehen und im Glauben, ich hätte es mit einer Gruppe »Banker« oder »Versicherungskaufleuten« zu tun, antwortete ich provozierend: »Euch sowieso nicht, ich suche einen Landwirt!« Ein großer, dunkelhaariger und attraktiver Herr aus dieser Runde stand auf, kam auf mich zu und erwiderte: »Dann nimm mich!«

Heute kennen wir uns seit fast 30 Jahren und sind 22 Jahre verheiratet, haben zwei erwachsene Söhne, Henning und Niklas, und einen Milchviehbetrieb in Neetze. Natürlich stellte ich mir die Frage, ob ich den Herausforderungen, mit und in der Landwirtschaft zu arbeiten, gewachsen wäre. Gerade ein Milchviehbetrieb strukturiert das Leben der Betriebsleiter doch intensiv. Wer Kühe hat, hat einen ganz geregelten Tagesablauf! Es gibt für alle Berufe tausend Gründe dafür und tausend Gründe dagegen. Letztendlich entscheidet nicht nur der Verstand, sondern auch das Herz: Was ganz entscheidend ist, ist die Frage der Anerkennung, die man bekommt, der Wertschätzung und des Miteinanders in der Partnerschaft. Freunde sagten oft: »Ihr habt nie Urlaub!« »Wir haben uns jeden Tag, bei uns ist jeder Tag ein Sonntag, weil wir uns jeden Tag einteilen können, wie wir möchten!«, war meine Antwort. Dies war natürlich zu glatt und sonnig, aber etwas Wahrheit steckt doch drin.

Wenn ich heute zurückschaue, frage ich mich oft: »Wie ging das alles so, wie haben wir das geschafft? Heute noch einmal? Ja – aber anders!« In unserem Esszimmer hängt ein in Holz geschnitzter Spruch, den unser Opi (der Malermeister) für uns gefertigt hat. Ich glaube, dieses Bonhoeffer-Wort hat unsere Familie und besonders mich prägend durch die verschiedenen Zeiten geleitet: »Von guten Mächten wunderbar geborgen, erwarten wir getrost, was kommen mag. Gott ist mit uns am Abend und am Morgen und ganz gewiss an jedem neuen Tag.«

Als klar war, dass mein Mann Ottfried und ich unser Leben gemeinsam gestalten wollten, bauten wir uns also in seinem Elternhaus das Obergeschoss aus. Mit viel Energie, Ideen, Arbeit und Unterstützung unserer Eltern entstand eine gemütliche und geräumige Wohnung. Mit »eigener« Küche, fast schon etwas revolutionär (1987), aber mein ganz persönlicher Wunsch. Die Eltern meines Mannes hatte ihr »Reich« im Untergeschoss. Es gab keine strikte Trennung der Wohnungen und zu Beginn nahmen wir auch alle Mahlzeiten gemeinsam ein. Das änderte sich im Laufe der Jahre, wie sich vieles verändert und ändern muss.

Als wir am 1. Juli 1988 heirateten, war für mich völlig klar, dass ich mich nicht nur auf einen Partner einlassen würde, sondern auch auf seinen Betrieb, sein Leben, seine Eltern und mich als Ehepartnerin mit vollem Einsatz dort einbringen würde. Es stand für mich nie zur Diskussion, meinen beruflichen Weg weiter zu verfolgen. Ich wollte mit Ottfried seinen Milchviehbetrieb bewirtschaften und weiter entwickeln. »Wo die Liebe hinfällt«, sagte meine Omi. Ja, sie hatte recht. Ich vermute, dass es für meine Schwiegereltern in Ordnung war, dass ihr Sohn eine Frau heiratete, die nicht aus der Landwirtschaft kam. Sie bemühten sich darum, dass ich

Mit dem Großonkel
im Stall

mich wohlfühlte, und ich versuchte mich in meine Rolle einzufügen und »mein Bestes« zu geben.

Mit der Geburt unseres Sohnes Henning 1989 hörte ich auf, in der internistischen Praxis zu arbeiten, und versuchte meine Rolle als »mitarbeitendes Familienmitglied«, Mutter, Ehefrau, Schwiegertochter und »Mitunternehmerin« zu finden. Da gab es Freuden und gute Erfahrungen, aber auch manche Tücken, Fallen, Hindernisse, Tränen, die das Zusammenleben und -arbeiten nicht immer einfach machten. Da ging es um Rollentausch und gewachsene Strukturen, um neue Strukturen und Kompromisse, Konflikte, und, und, und … Was meine ich konkret damit? Ein Beispiel: Mein Mann und ich haben immer versucht, uns gegenseitig etwas Luft und Freiräume zu schaffen. Das hieß: »Ich arbeite heute etwas mehr, damit du Freizeit hast.« Morgen oder wann auch immer ist es umgekehrt. »Du schläfst eine Stunde länger, ich stehe eine Stunde früher auf.« »Du machst es dir gemütlich, ich ›klotze‹ ran.« Einer trägt den anderen, hält dem anderen den Rücken frei. Das entlastet sehr, tut gut und hält zusammen. Das war für die Eltern meines Mannes wohl kaum zu verstehen, weil sie es so nicht kannten. Als Ehefrau hat man gefälligst zu melken! Täglich, und zwar morgens und abends! Und es ging in ihren Augen gar nicht, dass der Ehemann noch schlief, während die Frau schon im Stall war. Während es uns mit der Lösung gut ging, konnten sie dies nicht akzeptieren und kritisierten es sehr. Ich kann nur vermuten, dass ein wenig Neid dabei war. Vielleicht hätte Schwiegermutter auch gerne mal frei gehabt. Es steht mir nicht zu, das zu bewerten. Ich denke, wichtig ist, dass man seinen eigenen Weg geht.

Für die Eltern meines Mannes war es auch gewöhnungsbedürftig, dass ich maßgeblich Entscheidungen mit traf. Das kannten sie nicht, dass die Ehefrau etwas durchsetzte und selbstbewusster wurde. Gut – sie waren anders aufgewachsen. Aber etwas mehr Verständnis hätte ich mir manchmal gewünscht.

Bei allen Missverständnissen und Problemen war es mir vor allem immer wichtig, darüber zeitig zu reden. Das gelang mir selten, was nicht immer unbedingt an mir lag. Das beredte Schweigen meiner Schwiegereltern in bestimmten Situationen schien mir den Vorwurf auszudrücken: »Ich rede nicht mit dir, rate, was du verkehrt gemacht hast.« Das war für mich sehr anstrengend und deprimierend. Ich kannte es von zu Hause so nicht.

Fazit für mich unterm Strich der gesamten Zeit bleibt: Ich möchte es mit der nachfolgenden Generation besser machen. Nicht, weil ich die Leistung der Generation vor uns nicht schätze oder zu würdigen weiß, sondern weil ich etwas erhalten möchte: bäuerliche Familienbetriebe. Jede Generation hat ihre Sichtweise und Ansichten, es gibt kein richtig oder falsch, aber es gibt ein »besser, friedlicher und lebenswerter«.

»Erst die Arbeit und dann das Vergnügen!« Da war er wieder, der Leitsatz aus meinem Elternhaus. Manchmal wuchs uns die Arbeit über den Kopf. Unser zweiter Sohn Niklas, der 1991 geboren wurde, er ist Hofnachfolger mit Leidenschaft, sagt heute oft: »Erst das Vergnügen und dann mal sehen, ob wir noch Zeit zum Arbeiten haben!« Dann schmunzelt er provokant, blickt in die Runde und ist froh, dass wir alle mitlachen. Mein Leitsatz lautet inzwischen auch: In diesem Haus darf man sich auch ausruhen, wenn die Übrigen arbeiten – mit bestem Gewissen!

Wenn ich auf die vergangenen Jahre schaue, stelle ich fest, dass sie bestimmt waren durch verschiedene Phasen: In den ersten Jahren halfen die Eltern meines Mannes tüchtig mit. Mein Alltag wurde durch Melken, Haushalt, Kinder und Garten bestimmt und gut ausgefüllt. Während ich versuchte, mich in die Milchviehhaltung einzuarbeiten, versorgte Schwiegermutter liebevoll die Söhne und uns alle mit leckerem Essen. Dafür war und bin ich dankbar. Den Beruf der Landwirtin habe ich nie gelernt, habe aber durch Erfahrung, d. h. »learning by doing«, und Vertrauen in mein Wirken im Laufe der Jahre eine gute Grundlage und Sicherheit bekommen. Heute danke ich vielen lieben Familienmitgliedern und Freunden dafür, dass sie mich immer wieder ermutigt haben. Auch meine Eltern haben gerade mir so viel Unterstützung gegeben, wofür ich unendlich dankbar bin. »Von guten Mächten wunderbar geborgen ...« und mit einer großen Portion Gottvertrauen, das hat unsere Familie sicher begleitet.

Als sich dann die Eltern meines Mannes aus gesundheitlichen Gründen aus der Arbeit des Betriebes herausnehmen mussten und somit auch ihre Rollen hinter sich lassen mussten, was bestimmt für sie nicht leicht war, strukturierten wir unseren Milchviehbetrieb etwas anders.

In der Ernte oder zu anderen Spitzenzeiten halfen uns junge Männer oder Schüler aus dem Dorf. Das war ein entspanntes, fröhliches, wenn auch oft anstrengendes Arbeiten. Alle hatten immer vollen Familienanschluss. Und so war es schön, nach einem arbeitsreichen Tag abends in großer Runde am Tisch zu sitzen und in netter Gemeinschaft den Arbeitstag zu beenden. Noch heute ist das bei uns so, der Tisch ist größer geworden, alle genießen es.

Die Kindheit unserer Söhne wurde maßgeblich durch die Landwirtschaft geprägt. Der Hof war und ist ihr Leben. Ich sehe noch heute, wie Ottfried mit dem damals dreijährigen Henning und dem einjährigen Niklas auf dem Teppich liegt und die »Top Agrar« durchblättert. Fachgespräche unter Männern. Henning hat den Beruf des Land- und Baumaschinenmechanikers erlernt und Niklas schließt gerade seine Ausbildung zum Landwirt ab. Für alle war klar, die beiden werden einmal in der Landwirtschaft arbeiten. Selbst als wir Eltern ihnen noch andere Wege aufgezeigt haben: »Ihr müsst das nicht ... «, wollten sie dies. Und das macht ein Stück weit glücklich und zufrieden. Vor allem, weil ich oft damit haderte, nicht genug Zeit für meine Kinder zu haben. Andere haben Wochenende oder Urlaub, wir können nicht mal ausschlafen, haben nie so wirklich entspannt Zeit für die Kinder. Wer Milchkühe hat, hat einen ganz geregelten Tagesablauf!

Als ich unsere Kinder fragte, ob sie meine Sorge und Unzufriedenheit teilen, waren sie erstaunt und antworteten: »Wieso, wie bist du denn drauf? Ihr seid doch immer für uns da gewesen!« Das tut gut und beruhigt.

Heute beginnt mein Arbeitstag, wie schon seit Jahren, noch immer um 5 Uhr und endet erst gegen 19.30 Uhr. Davon arbeite ich sieben bis acht Stunden im Stall bei unseren 95 Kühen und zahlreichen Kälbern. Eine Aufgabe, die fordert, fördert und erfüllt. Sonst würde es auch nicht laufen. Ich versuche, meinem Mann den Rücken freizuhalten für den Ackerbau, die Versorgung der Kühe, für die Politik, und, und, und … Haus und Garten fordern auch ihre Pflege und Hege. Nichts nervt mich mehr wie ein ungemütliches Drumherum. Ich koche leidenschaftlich gerne und genieße Mahlzeiten in großer Runde, wenn alle vor sich hin »schmatzen« und zufrieden sagen: »Ist das wieder lecker«. Ich habe nicht mehr den Anspruch, dass alle Fenster immer blitzblank sein müssen. Es gibt auch mal Fertigpizza zu Mittag oder »Coppenrath & Wiese«-Torten zum Kaffee. Regelmäßig haben wir einen Betriebshelfer, um uns etwas Luft zu verschaffen.

In der Freizeit genieße ich liebe Freunde und Familie. Singe gerne in dem kleinen Chor unserer Kirchengemeinde, in der ich seit fast 16 Jahren Kirchenvorsteherin bin. Dieses Ehrenamt ist und war sehr wertvoll an vielfältigen Erfahrungen mit Menschen. Ich möchte es nicht missen, obwohl es oft manchen Spagat zwischen Beruf und diesem Amt forderte.

Wo geht die Reise hin? Die derzeitige angespannte Situation der Milchviehbetriebe belastet auch unseren Betrieb und bestimmt den Alltag. Wir haben einen »Plan B« im Schrank. Dieser würde bedeuten, die Milchviehhaltung an den Nagel zu hängen. Schweren Herzens und fast unvorstellbar. Der Kälberstall leer, der Kuhstall ohne Milchkühe – allein diese Vorstellung bricht fast das Herz, trotz aller Arbeit und Mühe. Es ist eben das Lebenswerk meines Mannes, der mit 16 Milchkühen anfing und heute fast 100 Kühe hält. Die Nachzucht und Bullenmast dazu, entsprechend neue Ställe und Einrichtungen. Da steckt von allen Familienmitgliedern viel Herzblut drin. Die Alternative wäre eine Biogasanlage in Kombination mit Rindermast. Es tröstet uns, dass es noch Alternativen gibt. Doch eigentlich sind wir MilchviehERhalter! Wir möchten Milchviehhalter bleiben!

In drei Tagen ist unser Niklas wieder auf dem Hof. Seine dreijährige Ausbildung ist beendet. Nun möchte er uns unterstützen und seine Ausbildung zeitgleich ausbauen. Niklas hat Ideen, Mut, Elan, ist begeisterungsfähig und einfühlsam, entspannt und humorvoll. Das gibt uns Kraft und Mut und mir die Zuversicht: Lass locker, es wird gut!

Henning ist gerade mit seiner Freundin Denise zusammengezogen. Auch das bewegt eine Mutter. Im Dezember werden die beiden ein Baby bekommen und wir unser erstes Enkelkind.

»Von guten Mächten wunderbar geborgen, erwarten wir getrost, was kommen mag. Gott ist mit uns am Abend und am Morgen und ganz gewiss an jedem neuen Tag.«

Ausgelassenes Kinderlachen kommt näher. Drei Fahrräder landen scheppernd am alten efeubewachsenen Gartenzaun. Fröhliches Gekicher unterbricht die Abendstille. Die Haustür, die so lange offen stand, fällt behäbig ins Schloss. »Wir sind wieder da!«, und schon flitzen die drei zwölfjährigen Ferienkinder die Treppe hoch. »Darauf wäre ich jetzt nicht gekommen«, antworte ich witzig. Die drei setzen sich heiter und noch voller Schwung von der Fahrradtour neben mich an den Küchentisch. Sie sind zufrieden und selig, das tut gut. »Na?«, frage ich, »noch eine erfrischende Erdbeermilch, die Herren?«. Sie nicken erschöpft und fragen: »Und was hast du so lange gemacht?« Ich hole die Milch aus dem Kühlschrank, die Erdbeeren stehen schon bereit, denn es ist Erdbeerzeit.

Claudia, ehem. Tischlerin und Bauingenieurin,
Schleswig-Holstein

Ich fiel gerne aus der Rolle

Claudi, wenn du dich nicht bald um eine Lehrstelle be-
mühst, dann melde ich dich in Hademarschen zur Hauswirtschaftsschule an! Meine Mutter wollte mir damit auch
hauswirtschaftliches Rüstzeug für meine Zukunft als gut
sorgende Ehefrau und Mutter mitgeben. In ihrer Jugend
war es ja selbstverständlich, dass die Mädchen für ein Jahr
in einem Haushalt arbeiteten. Und was ihr nicht geschadet hatte, konnte mir doch auch nur gut tun. »Hauswirt-

Im Sandkasten

schaftsschule«, »Hademarschen«, das war das größte Druckmittel meiner Mutter, mich dazu zu bewegen, meine berufliche Karriere voranzutreiben. »Hademarschen« verband ich mit »trutschig« aussehenden Mädels, die am Wochenende beim Tanz nur darauf warteten, einen Mann mit der rechten Hektargröße zu ergattern. Denn eins wollte ich ganz und gar nicht: Mit einer hauswirtschaftlichen Ausbildung auf einem landwirtschaftlichen Betrieb mein Dasein fristen. Zwar hab ich meine Kindheit auf dem Land genossen, aber für mich durfte es für die Zukunft gerne etwas mehr Stadt und Lifestyle sein.

Aufgewachsen bin ich in einem kleinen beschaulichen Dorf in Schleswig-Holstein. Als jüngstes von vier Kindern kam ich zur Welt. Meine Geschwister waren bei meiner Geburt 9, 13 und 14 Jahre alt. Ich war also das Nesthäkchen und wuchs fast als Einzelkind auf.

Mehr als die Hälfte meiner Freundinnen wuchs auf einem Bauernhof auf. Herrlich!! Es gab immer irgendwelche Tiere zum Streicheln, Katzen liefen wie selbstverständlich überall herum. Wir spielten auf dem Strohboden. Im Sommer, wenn der Stall leer war, turnten wir an den Liegeboxenbügeln. Eine Freundin hatte auf ihrem Hof sogar eine zahme Kuh, auf der wir reiten konnten. Und alle hatten schon Pflichten, bei denen ich gerne half. Tiere von der Weide holen, Schrot vom Boden schaufeln usw. Es war selbstverständlich und hat Spaß gemacht. Mir wahrscheinlich mehr als meinen Freundinnen.

Am besten hat mir das Familienleben auf so einem Hof gefallen. Es waren immer alle zusammen. Ich hab es genossen, wenn am Nachmittag alle zusammen beim Kaffeetrinken saßen, nicht nur, weil es immer selbst gebackenen Kuchen gab. So ein Bauernhof – das war Familie pur, toll! Denn in unserer Familie fand das Familienleben meist nur am Wochenende statt. Mein Vater arbeitete als Schlachter viel und hart. Er ging von Montag bis Samstag morgens um 3.00 Uhr aus dem Haus. Wenn er am Nachmittag nach Hause kam, war er natürlich müde. An den Wochenenden und in seinem Urlaub arbeitete er an unserem alten Reetdachhaus. Als es meine Eltern zu Beginn ihrer Ehe kauften, konnte man durch das Dach in den Himmel gucken. Es gab nur einen Raum, in dem man sich aufhalten konnte. Ein Badezimmer mit Toilette und Dusche bekamen wir zur Silbernen Hochzeit unserer Eltern. Meine Eltern haben das Haus durch ihren Fleiß und durch viel Verzicht zu dem gemacht, was es nun ist: ein kleines gemütliches Heim. Aber für uns bedeutete es, an Familienurlaub nicht einmal zu denken.

Als ich neun Jahre alt war, eröffnete in unserem Ort eine Eisfabrik, in der viele der Hausfrauen beschäftigt wurden, so auch meine Mutter. Die Fabrik expandierte, meine Mutter arbeitete sich bis zur Personalchefin herauf, wofür ich sie im Nachhinein sehr bewundere. Zu dem Zeitpunkt fand ich es schlichtweg einfach nur blöd, weil sie sich sehr in dem Betrieb einbrachte. Und daher nur wenig Zeit für unser Familienleben hatte.

Viele in meinem Alter, mit denen ich durch Schule und beim Handballspielen im Sportverein verbunden war, wussten bei der Mittleren Reife schon genau, was sie beruflich mal machen wollten, verfolgten geradlinig ihren Weg. Ich, ehrlich gesagt, nicht. Acht Stunden am Tag zu arbeiten? Und was überhaupt? Das konnte ich mir nach meiner Realschulzeit nun gar nicht vorstellen. Ich ging also erst einmal zur weiterführenden Schule. Wird schon was kommen.

Ich lernte »verrückte Leute« kennen und lief nach kurzer Zeit selbst auch etwas ausgeflippt herum. Meine schönen langen roten Haare trug ich von nun an raspelkurz und schwarz gefärbt. Hatte meine Freundin mir mal wieder die Haare geschnitten und gefärbt, schlug meine Mutter die Hände über den Kopf zusammen und bedauerte den Verlust meiner »Schönheit«. »Claudi, so kriegst du nie 'nen Freund.« Betrachte ich heute die Fotos aus meiner Jugendzeit, kann ich ihren Einwand verstehen. Wir trugen bunt gebatikte »Opa-Unterhemden«, je schräger, desto besser. Hauptsache, ausgefallen! Ich fuhr als einziges Mädchen unserer Clique Moped, eine tolle weiß-rote Geländemaschine Honda MTX 80 R. Ich fiel gerne aus der Rolle, war immer ein bisschen anders als meine Freundinnen vom Dorf.

Irgendwas musste ich nun nach dem Abitur machen, die Hauswirtschaftsschule saß mir ja im Nacken. Es sollte natürlich etwas Besonderes sein. Ich überlegte

Stallaussicht

mir, Architektur zu studieren. Das hörte sich gut an und es entsprach meiner Kreativität. Meinen boden-ständigen Eltern machte ich das Studium durch den Vorschlag schmackhaft, zunächst einen verwandten Beruf zu erlernen. Das hörte sich doch gut an. »Das Kind weiß endlich, was es werden will, und geht arbeiten!« Ich entschied mich für eine Lehre zur Bauzeichnerin. Schließlich hatte meine Mutter eine Kollegin, deren Schwester als Sekretärin in einem Büro arbeitete. So weit, so gut! Ich begann die Lehre am 1. August und beendete sie am 30. August desselben Jahres. Was war passiert? Ich hätte mich informieren sollen. Es war ein Ingenieurbüro für Tiefbau. Dort war es grottenlangweilig und überhaupt hatte ich, ehrlich gesagt, immer noch keine Lust, acht Stunden am Stück zu arbeiten.

So begann ich über das Arbeitsamt, an einem Kurs für kreative Berufe teilzunehmen. Für ein Jahr war ich erst einmal untergebracht. Ich nutzte die Zeit tatsächlich. Mein Wunsch, Architektur zu studieren, verfestigte sich. Durch ein Praktikum fand ich aber den Beruf meines Herzens. Ich wollte Tischlerin werden und fand tatsächlich auch eine Lehrstelle. Was zu der Zeit als Frau noch nicht ganz selbstverständlich war. Die Lehrzeit hat mir wirklich viel Spaß gemacht. Ich hatte tolle Kollegen und zwei zwar strenge, aber korrekte Chefs. Die handwerkliche Arbeit hat mir gut gefallen und auf einmal war mir die Arbeitszeit auch egal.

Nach Feierabend ging es zweimal die Woche zum Handball-training. Oder wir trafen uns im Theaterraum im Ort. Die Theatergruppe, das waren junge Leute aus unserem Ort, d. h. meine Freundinnen und deren Geschwister. Wir spielten plattdeutsches Theater und waren eine tolle Truppe. Wir verbrachten eigentlich fast unsere gesamte Freizeit zusammen. Theatergruppe, das war eigentlich der Überbegriff für Clique. Wer hatte, brachte seinen Freund oder Freundin mit. Ich gehörte leider zu denen, die ihren passenden Deckel noch nicht gefunden hatten. Ich war immer der nette Kumpel zum Ausheulen. Zu vielen Ex-Freunden meiner damals besten Freundin habe ich heut noch ein innigeres Verhältnis, als sie es je hatte.

Und dann, an einem Samstag im August, passierte es. Ich war mit meinen Theatergruppenfreunden zu einem Scheunenfest in unserer Nähe gefahren. Wir hatten viel Spaß und erfreuten uns an der Gute-Laune-Musik der Band, als ich ihn sah, den Mann meines Herzens. Ich, die schüchternste aller Frauen, nahm mir ein Herz und sprach ihn an. Vielleicht half es auch, dass ich vorher ein oder zwei Bier getrunken hatte? Egal! Da waren wir nun und hatten zusammen viel Spaß an dem Abend. Der war es! Ich gestand ihm, dass er mir gut gefallen würde. Ich hab's wirklich getan! Und was sagte er zu mir? Dass er eine Freundin habe! »Gut, gestrichen«, dachte ich. »Hatte er mir nicht auch erzählt, dass er Bauer sei?« Das machte den Abschied noch leichter – dachte ich.

Der tolle Typ hieß Olaf und seit 16 Jahren sind wir ein Paar. Vor elf Jahren haben wir geheiratet und seine damalige Freundin wurde unsere Trauzeugin.

Was! Claudi hat einen Freund, und der ist Bauer? Die Tatsache mit dem Freund an sich löste schon Erstaunen aus und sein Beruf tat ein Übriges dazu. Meine Freunde mit landwirtschaftlichem Hintergrund erkundigten sich natürlich erst einmal nach Kuhherden- und Hektargröße. Mit seiner Größe passte er in ihr Umfeld, war keine Konkurrenz und wurde aufgenommen. Schließlich war er ein Mann mehr, mit dem man fachsimpeln konnte! Meine Mutter schlug die Hände über den Kopf zusammen. »Kind, ich hätte dich doch zur Hauswirtschaftsschule schicken sollen. Wie willst du denn auf einem Bauernhof überleben? Und überhaupt, seine Eltern werden sich bedanken, wir haben ja gar keine Mitgift für dich.« Hä? War ich selbst nicht genug? Ich fand es gut so, wie es war. Ich kann immer sagen, mein Mann hat mich aus Liebe geheiratet und nicht wegen meiner Hektarzahl, die ich vorzuweisen hatte.

Meine Eltern mochten Olaf auf Anhieb gern. Was ich natürlich gut verstehen kann. Er ist ein sehr freundlicher und immer gut gelaunter Mensch, den jeder auf Anhieb sympathisch findet. Mein Vater hat sich, so habe ich es empfunden, besonders gefreut. Wir haben nie darüber gesprochen und nun kann ich ihn leider nicht mehr fragen, denn er ist vor vier Jahren plötzlich an einem Hirnschlag gestorben.

Mein Vater ist selbst auf einem Bauernhof aufgewachsen, gemeinsam mit acht Geschwistern, die alle viel mit anpacken mussten, weil mein Opa nebenher noch arbeitete. Weil er sich mit seinem Vater nicht sehr gut verstand, zog es ihn, als er 18 Jahre alt war, ins Ausland. Er ging nach Luxemburg und absolvierte dort eine Lehre zum Schlachter. Den elterlichen Hof übernahm sein jüngster Bruder. Als Geselle kam mein Vater zurück nach Deutschland und arbeitete auf verschiedenen Schlachthöfen. Nebenher pachtete er sich ein Stück Land und baute dort Kartoffeln zum Verkauf an. Später bewirtschaftete er einen Gemüsegarten zur Selbstversorgung. Vielleicht war es ihm ein Ausgleich zu der harten Arbeit auf dem Schlachthof? Er arbeitete gern in der Natur und bis zu seinem Tod hat er uns, soweit es ihm möglich war, unterstützt und tatkräftig mit angepackt. Man konnte merken, dass er Olaf mochte und seine Arbeit zu schätzen wusste.

Meine Schwiegereltern mussten sich, glaube ich, erst einmal an mich gewöhnen. Eine Frau mit einem Männerberuf und dann will sie auch noch studieren? Na ja, erst einmal abwarten! Immerhin kam ich nicht aus der Stadt, sondern einem nicht weit entfernten Dorf. Und – ich sprach plattdeutsch!!

Ich tastete mich langsam in das Bauernleben. Zunächst schlug ich für die Wochenenden meine Zelte auf dem Charlottenhof auf. Ab und an half ich Olaf beim Melken. Ich bin ehrlich: Das erste Mal war eklig – die ganze Kuhkacke auf den Armen und wo sonst noch! Fürchterlich! Aber ich merkte, dass es Olaf freute, wenn ich mich für seine Arbeit interessierte, und ich habe die gemeinsame Zeit mit ihm einfach genossen und aus dem Grund nahm ich es in Kauf. Außerdem schmeckt kein Abendbrot so gut wie das nach getaner Stallarbeit.

Nach einem Jahr war es so weit. Wir hatten uns im Obergeschoss eine kleine Wohnung ausgebaut und ich zog auf den Charlottenhof.

Meine Mutter war todtraurig. Sie war gerade ins Rentnerleben eingetreten und wollte mich nun in meiner Studentenzeit ein wenig bekochen und unterstützen. Da machte ihre verliebte Tochter ihr einen Strich durch die Rechnung. An einem sonnigen Januartag stand Olafs Trecker mitsamt Anhänger vor der Tür meines Elternhauses. Mein gesamtes Hab und Gut wurde aufgeladen und ab ging's die 14 km in mein neues Leben als Bäuerin.

Nein, so weit war es noch nicht! Im Februar begann mein Studium zur Bauingenieurin. Meine Schwiegermutter fragte mich einige Male, ob ich das wirklich noch wolle. Natürlich wollte ich das noch! Warum denn nicht? Ich habe sie nie nach ihrer Meinung gefragt, aber ich kann mich inzwischen ganz gut in sie hineinversetzen. In ihren Augen gab es schlichtweg keine Notwendigkeit, noch zu studieren. Das brachte kein Geld in die Kasse und hatte dazu nichts mit Landwirtschaft zu tun. Ich wollte aber einfach unabhängig sein und das, was ich mir vorgenommen hatte, auch durchziehen. Und es hat sich gezogen. Nach sechs Jahren hatte ich endlich mein Diplom in der Tasche. Ich habe mich wirklich durchs Studium gequält. Oft wollte ich alles hinschmeißen, aber Olaf hat mir immer wieder Mut gemacht durchzuhalten.

Meine Schwiegereltern haben mich immer meinen Weg gehen lassen, was ich ihnen hoch anrechne. Ich weiß, dass es nicht ihr Weg war und dass sie oft mit den Zähnen knirschten. Aber ich denke, sie waren klug genug zu sehen, dass Olaf und ich glücklich waren und dass es uns gut damit ging und geht. Olaf hat schon mit 23 Jahren den Hof von seinen Eltern überschrieben bekommen. Er war also schon der Chef, als ich auf den Charlottenhof zog, wurde aber immer noch tatkräftig von seinen Eltern unterstützt.

Die Bäuerin auf dem Hof war immer noch Olafs Mutter. Sie melkte und war für die Beköstigung der Erntehelfer oder Arbeiter zuständig. Auch Olaf aß in der Woche »unten« bei seinen Eltern. Für mich war das in Ordnung. Wenn ich da war, half ich ihr bei der Küchenarbeit und auf dem Hof eben dort, wo ich es konnte und gebraucht wurde.

Während der Studienzeit passierten einige wichtige Dinge bei uns auf dem Hof. Olafs Oma starb. Somit wurde die Altenteilerwohnung frei und für meine Schwiegereltern kam die Überlegung auf, ins Altenteil zu ziehen. Doch das Altenteil lag mit im Bauernhaus. Wir wohnten ja schon alle in einem Haus. Wir oben, die Schwiegereltern unten. Das ging bislang Gott sei Dank immer gut, weil wir unsere Bereiche akzeptierten. Aber für immer? Keiner wollte das so gerne. Meinen Schwiegereltern war die vorhandene Altenteilerwohnung zu klein und mir zu nahe. Also fassten wir den Beschluss, neu zu bauen. Eineinhalb Jahre später konnten meine Schwiegereltern Einzug feiern und wir begannen, das Bauernhaus nach unseren Plänen umzureißen. Herrlich! Viel Dreck, viel Arbeit, viel Zeit, aber endlich so, wie wir es uns vorstellten. Haus und Garten nach unserem Geschmack!

Wir waren jetzt also richtig Chef und Chefin. Fast, denn unsere Beziehung war ja noch nicht legalisiert.

Dem stand nur noch eins im Wege: Olafs Alter. Er war partout der Meinung, erst mit 30 heiraten zu können. Es geschah also am Tag nach der Party zu Olafs 30. Geburtstag. Ich wartete mit dem Essen auf meinen Freund, der sich wieder mal verspätete. Ich wollte mich gerade aufregen. Wahrscheinlich kalbte mal wieder eine Kuh zum falschen Zeitpunkt, also: ruhig Blut. Dann stand Olaf plötzlich vor mir. Im Anzug (!) und mit einer Rose in der Hand bat er mich, seine Frau zu werden. Endlich! Ja!! Ein Jahr später heirateten wir.

Meine Schwiegermutter zog sich mit dem Einzug ins Altenteil vom Melken und der Hofarbeit zurück. Jetzt war ich die Chefin! Nie werde ich meinen ersten Kücheneinsatz zur Siloernte vergessen. Was koche ich, wie viel essen die überhaupt, wie viele Kartoffeln muss ich schälen? Noch nie war ich so aufgeregt und noch nie sah meine Küche so wüst aus. Fürchterlich! Aber irgendwie hat's auch Spaß gemacht.

Im Jahr unserer Hochzeit gingen wir eine weitere Partnerschaft ein. Mit einem Freund aus der Landjugend, ebenfalls Milchbauer, entstand eigentlich mehr aus einer Bierlaune heraus der Wunsch, die Betriebe zusammen zu bewirtschaften. Es war ein großer Schritt, der genau überlegt sein musste. Bevor der GbR-Vertrag unterschrieben wurde, vergingen eineinhalb Jahre intensiver Recherchen, Vertragsverhandlungen und schlafloser Nächte. Seit nunmehr elf Jahren bewirtschaften wir gemeinsam unseren Milchviehbetrieb.

Nun hatte ich also zwei Bauern, um die ich mich kümmern konnte. Bents Hof lag in ca. 12 km Entfernung. Der Charlottenhof entwickelte sich schnell zur Hofstelle der GbR. Hier wurde gemolken, hier standen die meisten Tiere, hier tobte das Leben. Judith, die Freundin unseres Kompagnons, studierte Landwirtschaft und wohnte am Studienort, war also selten da. So entwickelte ich mich zur Versorgerin des Hofes und rutschte langsam in das Bäuerinnenleben. Ich unterstützte Olaf, wann und wo es mir möglich war. Wenn ich draußen mithalf, hatte er früher Feierabend und wir mehr Zeit für uns, außerdem wusste ich so auch über die Belange des Hofes Bescheid, hatte automatisch mehr Verständnis für die Sorgen und Nöte in der Landwirtschaft. Ich wurde zur Kälberfütterin und übernahm die Pflege der HIT-Datenlisten. Nebenbei arbeitete ich für ein paar Stunden in der Woche als Gutachterin in einem Ingenieur-büro. Meine Kreativität lebte ich mit der Gestaltung eines Blumenfeldes zum Selberpflücken aus.

Mehr Karriere wollte ich nicht. Schließlich waren wir schon ein paar Jahre verheiratet und nun musste sich doch endlich mal unser Nachwuchs melden. Wir wünschten uns ja eine ganze Fußballmannschaft. Platz und Liebe hatten wir genug zu vergeben. Nur leider wollte sich der gewünschte Nachwuchs nicht einstellen. Wir ließen uns beide untersuchen mit dem Ergebnis, dass wir medizinische Hilfe brauchten. Wir wurden zu Kinderwunschpatienten.

Die ersten Versuche wurden von meinem Frauenarzt durchgeführt. Ich bekam eine eisprungauslösende Spritze und wurde dann mit einem blöden Spruch nach Haus gelassen: »Viel Spaß dann, Frau Jürgensen.« Was man alles so aushält! Und von Spaß konnte überhaupt keine Rede sein. Wir standen so unter Druck, dass gar nichts funktionierte. Ich wechselte den Frauenarzt, und wir entschieden uns für eine künstliche Befruchtung mit der sogenannten ICSI-Methode. Dabei wird das Spermium direkt in die Eizelle eingespritzt mittels einer sehr feinen Glasnadel.

Ich weiß nicht, ob es daran lag, dass man in der Landwirtschaft ständig mit künstlicher Befruchtung zu tun hat. Wir gingen auf jeden Fall zunächst ganz gelassen mit dem Thema um. Außerdem hatten wir im Bekanntenkreis bereits zwei Paare, die mit dieser Hilfe Eltern geworden waren. Warum also sollte es bei uns nicht klappen? Unseren neuen Arzt mochten wir auf Anhieb. Ganz interessiert für die Landwirtschaft, erkundigte er sich bei jeder Untersuchung nach unserer Situation auf dem Hof. Besonders freute er sich über ein schönes Weihnachtspräsent von uns, bestehend aus den leckersten Produkten unserer Meierei.

Voller Euphorie begannen wir unseren ersten Behandlungs-zyklus. Diese Behandlungsmethode bedeutet Einnahme von Hormonen durch Spritzen in den Bauch. Ständige Kontrolle durch den Frauenarzt. Entnahme der Eibläschen unter Vollnarkose. Abgabe von

Spermien und wieder Einsetzen der befruchteten Eizellen. Warten, bangen, hoffen.

Wir waren uns sicher, bei uns klappt es beim ersten Mal. Leider wurden wir enttäuscht. Es klappte nicht: nicht beim zweiten Mal, nicht beim dritten Mal ... Ach, es war eine sehr schwere Zeit. Ich erinnere mich an ein Weihnachtsfest. Bei uns war gerade wieder ein Versuch gescheitert. Wir saßen versammelt mit meinen Geschwistern um den Weihnachtsbaum herum, als meine 40-jährige Schwester verkündete, zum zweiten Mal schwanger zu sein. Fröhliche Weihnachten! Inzwischen ist ihr Sohn schon sechs Jahre, kommt dieses Jahr in die Schule und liebt es, seine Tage bei uns auf dem Bauernhof zu verbringen.

Insgesamt haben wir sieben Versuche unternommen. Es war eine sehr emotionale Zeit. Geprägt von Hoffnung, Euphorie, Bangen, Enttäuschung und ganz vielen Tränen. Nach dieser Zeit haben wir uns vom Kinderwunsch verabschiedet und beschlossen, lieber ein glückliches Leben ohne Kinder zu führen, als ständig mit einer Hoffnung zu leben, die immer wieder niedergeschmettert wird.

Olaf und mich hat diese Zeit noch mehr zusammengeschweißt. Zum Glück! Und unsere Eltern haben inzwischen unser Schicksal auch angenommen. Gerade meine Schwiegereltern hätten sich sicherlich einen Enkel gewünscht, der den Hof mal übernehmen könnte. Sie haben auch schon mal nach weiteren Behandlungen gefragt. Aber da hab ich unmissverständlich zu verstehen gegeben, dass es für uns nicht in Frage kommt. Wir wollen an der Kinderlosigkeit nicht verzweifeln! Obwohl wir unsere Kinderlosigkeit inzwischen akzeptiert haben, überkommt uns manchmal die Traurigkeit noch, wenn wir von irgendwelchen Schwangerschaften oder Geburten hören. Es ist wichtig, gemeinsam darüber zu sprechen, und das können wir zum Glück. Wir freuen uns über unsere zahlreichen Patenkinder und haben unsere Lebensplanung neu gestaltet.

Gerade in der Landwirtschaft ist es doch ein Thema, für die nachfolgende Generation etwas aufzubauen. Darauf hatten Olaf und ich auch hingearbeitet. Und nun müssen wir alles neu überplanen, auch neue Investitionen. Das ist sehr anspruchsvoll in einer landwirtschaftlichen GbR, in der der eine Partner für drei Kinder in die Zukunft wachsen möchte und der andere nur noch 15 Jahre arbeiten will. Aber wir sind auf einem guten Weg, denke ich.

An Trubel fehlt es uns auch ohne eigene Kinder nicht auf dem Charlottenhof. Bent und Judith heirateten ebenfalls und verkauften vor vier Jahren ihre Hofstelle, um sich hier auf dem Charlottenhof ein Heim zu bauen. Seitdem wohnen sie mit inzwischen drei Kindern gegenüber unserer Hofstelle. Jeden morgen frühstücken wir alle gemeinsam bei Judith am großen Tisch oder sitzen nach einem arbeitsreichen Tag zum Feierabend für eine halbe Stunde auf unserer Terrasse und lassen den Tag gemeinsam Revue passieren. Seit ich auf dem Hof bin, hat sich die Kuhherde von 50 auf 350 Kühe vervielfacht! Das bedeutet viel Arbeit, die wir nicht allein bewältigen.

Wir bilden seit vier Jahren Lehrlinge aus, die natürlich auch bei uns wohnen. In zwei Wochen kommen zwei neue Lehrlinge, ich bin schon gespannt und hoffe, dass wir auch mit den beiden ein gutes Jahr verbringen werden. Oft ist man genervt von der extra Arbeit, die man durch die Ausbildung hat. Aber wenn die Lehrlinge immer wieder mal vorbeikommen, um in arbeitsreichen Zeiten auf dem Hof auszuhelfen, oder einfach nur, um ein Feierabendbierchen mit uns zu trinken, dann freuen wir uns. Wir sehen das als Zeichen, dass sie sich bei uns wohlgefühlt haben.

Als engagierte Bäuerin mit viel Freizeit bin ich selbstverständlich ehrenamtlich tätig. Kurz nachdem ich bei Olaf eingezogen bin, wurde ich zu den Landfrauen mitgeschleift. Manchmal habe ich an Veranstaltungen teilgenommen. Vor fünf Jahren wurde ich dann gefragt, ob ich nicht im Vorstand mitarbeiten möchte. Eigentlich wollte ich nicht, aber gemacht hab ich es trotzdem. Und das habe ich nie bereut. Seit drei Jahren bin ich stellvertretende Vorsitzende und es macht mir sehr viel Spaß, in einem tollen Team für die Frauen in der Region etwas auf die Beine zu stellen. Inzwischen sind wir mit unserem guten Programm so gefragt, dass die Frauen von selbst auf uns zu kommen, um Mitglied zu werden. Das ist schon ein kleiner Erfolg, auf den wir stolz sind. Außerdem bin ich im Vorstand des Kreislandfrauenverbandes und im Fachausschuss des Landesverbandes für junge Landfrauen. Ich bin also voll im Landfrauenfieber und stehe dazu!!!

Nebenher sitze ich im Gemeinderat unserer 2500-Seelen-Gemeinde und das plattdeutsche Theaterspielen habe ich auch nicht aufgegeben. Inzwischen spiele ich bei der Speeldeel in der nächsten Stadt. Wir haben unser eigenes kleines Theater mit 95 Plätzen. Pro Saison werden drei Stücke gespielt. Ist erst einmal ein Stück eingeprobt, wird es an ca. 30 Terminen aufgeführt. So ist man mit einem Stück gerne ein halbes Jahr beschäftigt. Ein sehr zeitintensives Hobby. Aber eins, das unheimlich viel Freude bereitet und durch das man viele tolle Menschen kennenlernt. Wenn es die Arbeit zulässt, ist Olaf natürlich immer mit dabei.

Wir verbringen gern Zeit miteinander. Ein Riesenvorteil der GbR ist es, dass wir jedes zweite Wochenende frei haben. In den ersten Jahren mussten wir immer wegfahren, weil Olaf es nicht aushielt, auf der Terrasse zu sitzen, während sein Kompagnon arbeitete. Inzwischen können wir auch mal zu Hause bleiben. Aber eigentlich nutzen wir die Zeit gern für Tagesausflüge oder auch mal einen Kurzurlaub. Bei dem Trubel auf dem Hof haben wir ja ständig Menschen um uns herum. Da brauchen wir schon mal eine Auszeit und wissen es sehr zu schätzen, dass wir uns diese auch nehmen können.

Während dieser Kurztrips halten wir immer mal Ausschau nach einem kleinen Häuschen, irgendwo am Wasser gelegen oder in einer schönen Umgebung, in dem wir unser Altenteil verbringen können. Unser bisheriger Plan war, dass wir mit der aktiven Landwirtschaft aufhören, wenn Olaf 55 Jahre alt ist. Für die dann folgende Zeit wünschen wir uns, dass wir sie gesund gemeinsam einfach genießen können. Vielleicht mit ein paar Tieren, vielleicht eröffnen wir auch irgendwo eine kleine Pension oder ein nettes Café? Das ist alles Zukunftsmusik. Aber spinnen darf man ja, und das tun wir auch zu gern. Ich bin gespannt, wie und wo wir landen werden.

Im Moment beschäftigen wir uns mit dem Bau einer Biogasanlage. Das wollten wir eigentlich nie, aber die Vergangenheit mit der schweren Zeit des schlechten Milchpreises hat uns gezeigt, dass wir uns nicht, wie von uns gewünscht, nur auf unsere Milchproduktion verlassen können. Also beißen wir in den sauren Apfel und investieren noch einmal kräftig in die Landwirtschaft. Olaf hat schon viele schlaflose Nächte hinter sich. Mir kommt da meine Unwissenheit manchmal zugute. Sie lässt mich etwas unbeschwerter an die Sache herangehen. Vielleicht mag es blauäugig sein, aber bisher hab ich mich immer auf die Entscheidungen meines Mannes verlassen. Ich weiß, er ist kein Draufgänger, und wenn er zuversichtlich in die Zukunft blickt, dann tue ich es mit ihm.

Eigentlich ist es das, was ich an unserem Leben mag. Wir haben die Gestaltung selber in der Hand. Wenn auch oft mit Bauchschmerzen, wenn man an die Abhängigkeit denkt, in die man durch die Investitionen gerät.

Rückblickend bin ich ganz schön stolz auf meinen Mann, mit wie viel Fleiß und Kreativität er unseren Charlottenhof zu dem gemacht hat, was er jetzt ist. Und ich freue mich, dass ich ihn dabei unterstützen kann.

So bin ich langsam in das Bäuerinnenleben reingewachsen. Ich bin meinem Mann unendlich dankbar dafür, dass er mich nie gedrängt hat, auf dem Hof mitzuarbeiten. Alle Arbeiten, die ich erledige, mache ich gern und mit viel Freude.

Ich finde es toll, dass wir uns den Tag, von den täglichen Melk- und Futterzwängen mal abgesehen, selbst einteilen können. Ich liebe die Mittagsstunde und mir schmeckt das Feierabendbier nach einem anstrengenden Tag. Ich freue mich, wenn am Mittagstisch die großen Töpfe leer sind, weil es allen geschmeckt hat. Ich bin stolz wie Oskar, wenn der Viehhändler den guten Zustand meiner Kälber lobt.

Manchmal brauch ich aber auch mal eine »Bauernhofpause«. Die hole ich mir beim Shoppen in der nächsten Stadt, beim Theaterspielen oder ich plane mit meinem Mann die nächste Fernreise. Wir lieben es, die Kultur der fernen Länder kennenzulernen und auch einfach mal eine Woche an einem schönen Strand die

Seele baumeln zu lassen, um dann wieder frisch und fröhlich mit unserem Team Charlottenhof die Landwirtschaft aufrechtzuerhalten.

Und so gern ich auch die tägliche Arbeit mache, mir fehlt noch irgendetwas. Ich würde noch gern meine Kreativität mehr ausleben können, noch etwas Eigenes auf die Beine stellen. Mal sehen, was noch so passiert. Einen Schritt in diese Richtung bin ich in diesem Jahr gegangen, habe mir Rüstzeug zugelegt. Und eines kann ich sagen, meine Mutter freut sich wie eine Schneekönigin: Ich werde im nächsten Jahr die Prüfung zur Hauswirtschafterin ablegen!!!

Die Freude, ein Rädchen des Ganzen zu sein

Meine Wiege stand mitten in der Innenstadt von Düsseldorf, umgeben vom Städtischen Schlachthof und einer großen Brauerei. Ein 10-Familien-Haus reihte sich hier neben das nächste und vor der Tür hielt die Straßenbahnlinie 6. Fünf Minuten waren es mit der Bahn bis zur Kö, der bekannten Einkaufsstraße in Düsseldorf. Der Schulweg betrug 20 Minuten durch die Stadt und über Hauptverkehrsstraßen.

Mein Vater hatte nach dem Krieg Landwirt gelernt und auf dem Hof 1943 meine Mutter kennengelernt, die als Magd dort lebte. Später arbeitete er auf dem Blumengroßmarkt in Düsseldorf. Sein Arbeitstag begann sehr früh am Morgen und endete am frühen Nachmittag – so konnten meine Eltern mit meiner älteren Schwester und mir, 1962 geboren, viel Zeit gemeinsam verbringen. In meiner Kindheit hatten wir ein festes Zelt am Unterbacher See, wo wir uns viele Nachmittage aufhielten. Und wenn wir nicht auf dem Zeltplatz waren, gingen wir in den Reitstall. Meine Eltern waren sehr engagierte Reiter und haben auch diese Liebe an uns Kinder weitergegeben. Schon als Fünfjährige konnten wir super voltigieren und haben so ganz natürlich

Meine Schwester und ich auf dem Reiterhof 1968

den Umgang mit Tieren gelernt. Vater war handwerk-
lich sehr geschickt, sodass sein Können überall gefragt
war und wir dadurch an vielen Stellen Sonderrechte
hatten und nicht so viel bezahlen mussten. Dies kam
vor allem uns Kindern zugute. Denn nur dadurch
konnten wir uns die Reitstunden leisten. Dass ich die
abgelegte Kleidung der reichen Reitermädels auftragen
musste, störte mich damals nicht. Sie waren für mich
immer neu. Ich war bekannt dafür, dass ich mich wie
ein kleiner Junge benommen habe, Frösche in die Tasche steckte und mit nach Hause nahm oder mit den
Gummistiefeln in die Mistbrühe stieg, bis sie oben rein-
gelaufen war.

Als ich sechs oder sieben Jahre alt war, beschlossen meine Eltern, mit dem Camping aufzuhören und lieber einen Kleingarten zu pachten. Auch das war eine schöne Zeit und wir verbrachten bis etwa 1973 alle Freizeit und Urlaube bei den Pferden und im Kleingarten. Dann fiel die für mich wichtige Entscheidung, mal mit der ganzen Familie Urlaub auf dem Bauernhof zu machen. Es wurden Kataloge besorgt und geschmökert, Bildchen angeguckt und etwa zehn Höfe ausgesucht, die in die engere Wahl kamen. Nur ein Hof im Jagsttal hatte noch was frei. Wir Kinder hielten uns den ganzen Tag auf dem Hof auf und für uns war dieser Hof das absolut Größte. Viele Ferienkinder, die Dorfjugend, vier hofeigene Kinder, denn zwei waren schon aus dem Haus, und immer war was los. Es gab auf dem Hof noch eine alte Magd, die uns immer was zum Schaffen gab: Hühnerstall misten, Gras in Schubkarren herbeifahren, beim Pferd ausmisten und Steine klauben. Zur Belohnung gab es immer eine große Kaffeetafel mit Knieküchle und Kuchen satt. Wir haben mit gemolken und Kühe getrieben, Ferkel gestreichelt und sind Traktor gefahren. Abends wurde immer Rundlauf an der Tischtennisplatte mit zehn und mehr Personen gespielt. Da wurde mit Schlägern, Vesperbrettern, Plootzdeckeln und anderen Dingen gespielt und oft sind wir nach Feierabend baden gefahren. Urlaub im Jagsttal war Kult und der Abschied immer mit Tränen verbunden. Mit der Zeit gab es auch Freundschaften unter den Bauernhof-Fans,

z. B. mit Claudia, die als Schülerin der Schlossschule bei den Gastleuten wohnte, oder mit Patricia, einer Französin, die jedes Jahr zum Deutschlernen kam, und auch mit den Buben und Mädels des Hofes hatten wir ein gutes Verhältnis. 1976 hatte mein Vater einen schweren Herzinfarkt und war lange im Krankenhaus. 1977 sind wir, ausgerüstet mit Nitrokapseln für meinen Vater und mit viel Angst, dass er den Urlaub nicht verträgt, wieder dorthin gefahren. Aber es kam ganz anders. Mein Vater brauchte dort keine Medikamente und fühlte sich sauwohl. In diesem Jahr fühlte ich verstärkt, dass das Sprichwort »Was sich liebt, das neckt sich« der Wahrheit entspricht. Der Hofnachfolger und ich waren immer irgendwie zusammen und auch die Magd Martha hatte mich inzwischen lieb gewonnen. Meine Schwiegermutter schaute mit Argusaugen auf uns. Ihr war das Stadtmädchen irgendwie nicht ganz geheuer, obwohl sie ja selber ein Stadtkind aus gutem, wohlsituiertem Hause in Hagen in Westfalen war. Alle fünf Geschwister meines Mannes haben sich Frauen aus nördlichen Gefilden geholt, das liegt wohl in der Familie. Die zwei Brüder haben Frauen aus Glücksburg in Schleswig-Holstein und Berlin und die drei Schwestern haben Männer aus Bremen, Leverkusen und Ketsch. Nach diesem Sommer war alles anders. Briefe gingen von Düsseldorf nach Hohenlohe und zurück und wir fuhren im Herbst zur Treibjagd wieder auf den Hof. In Düsseldorf war alles nicht mehr so wichtig. Meine Eltern sagten zum Jungbauern: »Du hör zu, wenn du irgendwo ein altes Häuschen siehst, was verkauft werden soll, dann melde dich doch bitte.« Irgendwann kam der Anruf, es gäbe hier ein altes Haus. Wir fuhren sofort dahin und fanden das Häuschen nicht schlecht. Ich war in Düsseldorf gerade dabei, meinen Realschulabschluss zu machen, als die Entscheidung endgültig fiel. Wir ziehen an die Jagst, oh welche Freude. Meine Schwester hatte eine Ausbildungsstelle in Düsseldorf und einen festen Freund und entschied sich zu bleiben. Für mich war es auch sehr kurzfristig, aber ich freute mich so. Lehrstelle ging nicht mehr, also meldete ich mich zum Hauswirtschaftlichen Berufskolleg an. Das Tollste war, dass meine Eltern erst im Herbst umziehen konnten, das bedeutete, dass ich ein gutes Vierteljahr alleine war. Im unrenovierten Haus meiner Eltern habe ich geschlafen, versorgt wurde ich auf dem Hof. Es entwickelte sich ein natürliches Zusammensein und eine lockere Normalität im Umgang mit der ganzen Familie, die mir bei meiner späteren Eingliederung in die Familie immer geholfen hat. Dann war das Berufskolleg zu Ende und meine Eltern waren eingezogen. Auch den Opa hatten sie aus Düsseldorf mitgebracht, der geholfen hatte, das Häuschen mit zu finanzieren, denn meine Eltern mussten immer rechnen und hatten Geld nie im Überfluss. Ich fing als Hauswirtschafterin bei einer Familie im nahe gelegenen Vellberg an und versorgte den Haushalt und die Kinder, darunter ein Neugeborenes.

In die Gastfamilie, den Hof mit all seinen Bewohnern, von zukünftigen Schwiegereltern und Opa über Gäste und Tiere, fügte ich mich mit einer Leichtigkeit ein, als hätte ich schon immer dazugehört. Auch die Geschwister akzeptierten mich fast alle. Ich wusste letztlich trotz aller Verliebtheit und Verklärung, auf was ich mich einließ, als ich 1982 zu einer Heirat »Ja« sagte. Ich hatte zu dieser Zeit so viel Hintergrundwissen über die Familie, wie kaum je eine Schwiegertochter haben kann. Ich wusste, dass mein Schwiegervater sehr bestimmend war und sich meine Schwiegermutter für ihre Gäste wie auch für uns damals aufopferte. Ich hatte keine Schwierigkeiten, mich unterzuordnen. Ich kannte die Menschen auf diesem Hof ja bereits seit meinem zwölften Lebensjahr, in einem Alter, in dem ich mich gerne den Regeln des Hofes überlassen habe, nur aus Freude, ein Rädchen des Ganzen zu sein. Die Hochzeit mit 120 Gästen war gigantisch.

Im Alltag stieß ich immer wieder auf Regeln, die mir fremd waren und zum Teil bis heute noch etwas Probleme bereiten. Selbst zu größeren Arbeitseinsätzen wurde man aufgefordert mit dem Satz: »Das machen wir jetzt geschwind.« Von zu Hause war ich es gewohnt, dass man immer rechnete, keine Schulden machte und sehr sparsam war. Das war jetzt völlig anders. Als Landwirt hatte man Schulden, und das war steuerlich sogar sinnvoll. Der Lebensstandard auf diesem Hof war sehr hoch, sicher auch durch die Gäste, die versorgt wurden.

Ich fühlte mich wie im siebten Himmel. Ich war fast immer mit draußen. Meine Schwiegermutter hat uns versorgt und verwöhnt und wir hatten ein wunderschönes Jahr. Im März 1984 kam unser erster Sohn zur Welt. Die Magd Martha befreite mich von allen Arbeiten und jeder freute sich über den Erben. Ich kam mir vor wie eine Prinzessin, die den Thronfolger geboren hatte. In unserer kleinen Wohnung, einer ehemaligen Ferienwohnung, war es gemütlich und wir hatten unsere Ruhe. Die erste Erschütterung in unserem absolut harmonischen Beisammensein traf uns hart und ohne Vorwarnung. Unser Sohn war ca. ein Jahr alt und war jeden Morgen bei seinem Uropa, der mit Freuden auf ihn aufpasste, als er einen Topf mit heißem Kaffee vom Gasherd zog. Die Brühe traf ihn voll und der Uropa reagierte leider völlig falsch und so ergaben sich aus diesem Missgeschick Verbrennungen zweiten und dritten Grades am Arm und an der halben Brust. Die nächsten Wochen verbrachte ich mit meinem Kind im Krankenhaus und versuchte irgendwie, die brutalen Schmerzen einer Verbrennung seelisch zu löschen. In dieser Zeit konnte ich voll auf meine Eltern und die ganze Familie bauen, aber es war trotzdem eine Zeit, die ich, wie ich jetzt bei der Niederschrift dieser Geschichte merke, völlig aus meinem Gedächtnis verbannt habe. Das ist übrigens eine meiner wichtigsten Eigenschaften, dass ich unangenehme Dinge sehr schnell vergessen kann und zur Tagesordnung übergehe. Wir schafften in dieser Zeit viel, aber mit Freuden. Unser zweites Kind, eine Tochter, wurde 1986 im Februar geboren. Alles war nicht mehr so leicht. Die Magd Martha konnte ihren Dienst nicht mehr versehen und auch meine Schwiegermutter benötigte jetzt unsere Hilfe in Gasthof und Partykeller. Mein Schwiegervater hielt sich oft in Afrika als Entwicklungshelfer vom SES (Senior Experten Service) auf.

Wir zogen vorne ins Haupthaus, meine Schwiegereltern in das Altenteilerhaus am Ende des Hofes. Von nun an kochte meistens ich, aber das Essen wurde gemeinsam eingenommen. Das ging aber nicht lange gut, da es ständig Auseinandersetzungen gab über Themen wie Erziehung, Manieren, Ruhe am Tisch. Es war ein großes Stück Arbeit, die Mahlzeiten zu trennen, ohne den ganzen Familienfrieden zu gefährden. Von nun an wurden die Mahlzeiten täglich ins Altenteilerhaus getragen, entweder von meiner Schwiegermutter, die ja sowieso den Vormittag im Gasthof verbrachte, oder von uns. Das Verhältnis zu meiner Schwiegermutter war gut, nur mit meinem Schwiegervater kam es immer wieder zu Machtspielen und Auseinandersetzungen. In der Zwischenzeit bauten die zwei ältesten Geschwister meines Mannes auf Initiative meines Schwiegervaters noch drei Ferienwohnungen in die bestehenden Altgebäude und wir bauten noch eine Sauna für uns und unsere sehr zahlreichen Gäste, die den Hof positiv belebten und mit ganz anderen Denkweisen und Ansichten aus aller Welt und allen Berufsschichten fütterten. Mir war das

Blick auf unsere Ferienwohnungen

nie zu viel, denn als rheinische Frohnatur bin ich schon immer gerne mit Menschen zusammen gewesen. Aber es waren jetzt auch sechs Wohnungen, die organisiert werden mussten. Zwischen viel Arbeit, guten Freunden, der Familie mit Anhängen fühlte ich mich rundherum wohl und als ein Teil des Ganzen. 1990 wurde dann unser drittes Kind geboren. Er lief nebenher, wurde von Omas, Gästen und uns viel herumgeschleppt, weil er Pförtnerkrämpfe hatte und wuchs, wie meine älteren Kinder behaupten, ohne viel Erziehung auf. Das hat ihm aber nicht geschadet. Unser Ältester war immer auf dem Hof mit dabei. Man spürte seine Verbundenheit mit der Landwirtschaft und den Tieren.

Im Jahr 2000 konnte meine Schwiegermutter die Pension nicht mehr führen. Sie wurde mit sanftem Zwang in Rente geschickt. Wir fanden eine nette friesische Bauerntochter, die bei uns drei- bis viermal die Woche aus Liebe zur Landwirtschaft und den 60 Kühen abends melken kam, was für mich in dieser absolut stressigen Zeit sehr hilfreich war. Alle mussten mithelfen. Die alte Küche musste komplett umgebaut werden, weil der WKD (Wirtschaftskontrolldienst) das so wollte, und nun hatte mich der Alltag in seinen Klauen. Die Zeiten, in denen ich mich um die Gäste in freundschaftlicher Weise kümmern konnte, musste ich mir aus den Rippen schneiden und es herrschte ewiger Stress. Zwischen Wäschekörben und Küche, Gästen und Familie, Stall und Putzwägen stand ich die nächsten Jahre ziemlich unter Druck. Ich hatte mir zudem vorgenommen, die Ferienwohnungen meines Schwagers wieder unserem Betriebsvermögen anzugliedern und musste daher, soweit es ging, alle Reservierungen für Partykeller und Ferienwohnungen annehmen. Die Sonntage allerdings waren unsere Oasen. Sonntags wurde und wird auch heute nie gekocht und abends kam die Melkerin. Wir waren immer mit unseren Freunden unterwegs, sind Fahrrad gefahren und haben die Gegend erforscht. Auch die Herbstreise des Maschinenrings haben wir immer eingeplant und mitgemacht.

Unser großer Sohn war inzwischen fest entschlossen, Landwirt zu werden. Er verließ das Gymnasium, machte seine Lehre ein Jahr in Norddeutschland und ein Jahr in Ellwangen, ging nach Kupferzell auf die Meisterschule

Im Garten

und machte 2006 seinen Landwirtschaftsmeister. 2005 ging es mir nicht gut, der Arzt verschrieb mir Tabletten. Meine Tochter, die gerade ein soziales Jahr in der Psychiatrie in München machte, war sehr erschrocken und erklärte mir die Nebenwirkungen. Daraufhin stellte ich die Tabletten für mich gut sichtbar als Warnung ins Regal und habe sie nie mehr gebraucht. Meine Tochter lernte Hauswirtschafterin und hat ihren Traumberuf gefunden. Der Jüngste lernte Molkereifachmann. Ich holte mir eine Hilfe für die Pension und versuchte, langsamer zu treten. Wir gründeten mit unserem Sohn eine GbR und, weil Stillstand ja Rückschritt ist, wurde schnell mal ein neuer Stall geplant. 75 Kühe mit Melkroboter lautete der Plan. Also war es bis zur Fertigstellung im September 2008 wieder nichts mit Schonung. Jetzt ist alles fast optimal, der Roboter entlastet mich sehr.

Wenn ich auf die Jahre zurückblicke, hätte ich zwar einiges anders gemacht, aber die grundsätzliche Entscheidung, Bäuerin zu werden, habe ich nie bereut. Ich habe es geschafft, den Hof als Familienmittelpunkt für alle zu erhalten, und versorge jetzt meine Schwiegermutter, die uns ja in den ersten Jahren unserer Ehe auch versorgt hat. Mein Schwiegervater ist 2008 gestorben. Meine Eltern leben noch beide und ich kann auch heute noch auf sie bauen, wenn ich sie brauche. Unser großer Sohn ist der eigentliche Chef und wir streiten auch mal, aber wir haben eine optimale Streitkultur. Für die Zukunft wünsche ich mir ein bisschen mehr Freiraum und eine bessere Gesundheit, denn die ist ziemlich angeschlagen. Heute wie bereits von Anfang an definiere ich Heimat mit Hohenlohe. Das Läuten der Kirchenglocken von hier weckt Freude in mir. Für mich ist das alles aber nur schön, weil ich meinen Mann an meiner Seite habe, der mir jeden Tag das Gefühl gibt, dass ich das Wichtigste in seinem Leben bin, und der mich unterstützt. Meine Tochter hat nun eine eigene Wohnung und mein Jüngster geht für ein Jahr nach Australien. Das heißt, es wird auf diesem Hof ein wenig ruhiger. Schön ist es zu wissen, dass es weitergeht, und ich hoffe auf eine gleich gesinnte Nachfolgerin, die auch versucht, diesen Hof als Familienmittelpunkt zu erhalten.

Petra, ehem. Hauswirtschaftliche Betriebsleiterin und Altenpflegerin, Niedersachsen

Der Bauer zieht vom Hof

»Heutzutage eine Frau auf den Hof zu bekommen, ist schwer!« Mit diesem Satz schloss mein Mann seine Abschlussarbeit zur »Zukunft der Landwirtschaft« am Ende des Winterkurses in einer kirchlichen Bauernschule ab. Ich habe ihn später oft deswegen gehänselt und mich auch immer ein wenig gewundert, warum er denn eine Frau »auf den Hof« suchte und nicht eine »Frau für sich«. Seit genau sechs Jahren lebe ich nun auf dem Hof, seit fünf Jahren sind wir verheiratet und meine Verwunderung über diesen Satz hat in dieser Zeit etwas nachgelassen.

Aufgewachsen bin ich als jüngstes von vier Kindern in einem Dorf mit etwa 1400 Einwohnern in einer Randsiedlung. Meine Eltern kommen zwar beide aus der Landwirtschaft, haben aber nie viel von ihrem Aufwachsen dort erzählt. Sicher, weil sie beide eine sehr schwere Kindheit und Jugend erlebt haben. Beide verloren ihre Mütter sehr früh. Wenn mein Vater von seinem Elternhaus erzählt hat, dann meist von seinem Onkel Bernhard, der mit auf dem Hof gelebt hat. Mein Vater hat die Berufe des Zimmermanns und Maurers erlernt.

Kinderbild

Dies musste er sich hart erkämpfen, da er nach Vorstellung seines Vaters auf dem Hof hätte bleiben sollen, auch als einer seiner Brüder den Hof übernommen hatte.

Meine Mutter hätte als Letztgeborene von zwölf Kindern eigentlich nach der Geburt gleich weggegeben werden sollen. Nur weil sie ein Mädchen war, wurde sie dann doch in der Familie behalten. Offensichtlich weil ihre Mutter nach neun Jungen und erst zwei Mädchen sich doch noch ein weiteres Mädchen vorstellen konnte. Sie war noch ein Kind, als ihre Mutter starb; von da ab lebte sie zusammen mit dem Vater in der Familie eines älteren Bruders. Sie musste wohl viel mithelfen und auch später noch in den Familien der anderen älteren Geschwister, wenn dort Kinder auf die Welt kamen und es viel zu tun gab. Dazwischen durfte sie in einem Krankenhaus die »Küche« lernen. Das war wohl eine schöne Zeit für sie, leider durfte sie dort nicht bleiben, weil ihre Hilfe in der Familie gebraucht wurde.

Schon alleine aus diesen Erzählungen meiner Eltern war das Thema Bauernhof für mich immer mit etwas »Schwerem« verbunden. Mit vieler und harter Arbeit, der sich alles zu unterwerfen hatte. Auch die Menschen, die dort lebten.

Dieses Grundgefühl fand ich auch später wieder vor, als ich viele Ferien auf dem Bauernhof der Verwandtschaft verbracht habe. Meine Cousinen und Cousins waren fest in den Arbeitsablauf mit eingeplant. Ich werde nie vergessen, wie ich sie einmal zum Schwimmen abholen wollte und mein Onkel mich mit den Worten abfertigte: »Wir haben Ernte, die müssen auf dem Feld helfen!« Irgendwann ist mir aufgefallen, dass meine Cousinen und Cousins selten etwas mit ihren Eltern unternommen haben. Ich glaube, wenn sie mal einen größeren Ausflug gemacht haben, war das meistens mit der Schule. An Sonntagen, wenn sie uns besucht haben, mussten meine Verwandten immer pünktlich nach Hause, da das Vieh dort versorgt werden musste. Die Landwirtschaft hat das ganze Leben bestimmt und mir war klar, dass ich ein solches Leben nie haben wollte. Von daher habe ich den Entschluss gefasst: »Ich heirate nie einen Landwirt.«

Auf einer Privatschule, die von Nonnen geführt wurde, erlernte ich den Beruf der Hauswirtschaftlichen Betriebsleiterin. Dort gab es ein offensichtliches Bestreben, uns mit den jungen Bauern der Region bekannt zu machen. Ich habe mich davon etwas distanziert. Auch, als es dann losging, auf Partys zu gehen, und die ersten Jungenbekanntschaften gemacht wurden, habe ich immer irgendwie darauf geachtet, mit keinen Bauern zusammenzukommen. Doch, wie es so will, man lernt jemanden kennen und fühlt sich stark zu ihm hingezogen. Da fragt man nicht gleich: Was bist du eigentlich von Beruf? Das passiert erst beim zweiten oder dritten Treffen. Da war dann aber schon alles zu spät. Ich war verliebt. Nach kurzer Zeit wurde ich der Familie vorgestellt, drei Generationen unter einem Dach, die Geschwister meines Freundes, seine Eltern und die Oma. Das war für mich fremd. Doch die Familie war sehr nett. Wir blieben zusammen und wollten nach ein paar Jahren zusammenziehen. Dabei stand für mich aber fest, dass ich nicht gleich auf den Betrieb und in die Familie ziehen möchte. Ich wollte mit meinem Mann eine eigene Wohnung außerhalb des Betriebes haben, um uns erst einmal näher kennenzulernen. Denn wenn man zusammen wohnt, kommen ganz neue Konflikte auf einen zu, und ich hatte keine Lust, dass die Familie von meinem Mann alles mitbekommt und womöglich sogar noch mitsprechen wollte.

Wir fanden auch eine schöne Wohnung ganz in der Nähe vom Hof. Doch ein Problem war da noch: Wie sagen wir es den Eltern? Wie werden sie reagieren? Meine Mutter fand das eine gute Idee und unterstützte uns sofort. Die Eltern von meinem Mann reagierten da etwas reservierter. »Wieso zieht ihr nicht ›hier‹ ein?« und »Der Bauer zieht vom Hof, wie sieht das denn aus?«. Doch nach kurzem Überdenken sahen sie ein, dass unsere Entscheidung nicht zu ändern war, und unterstützten uns sogar.

Wir zogen zusammen. Dies war für mich ein großer Liebesbeweis meines Freundes, dass er trotz meiner Vorurteile diesen Schritt auf mich zuging. Von daher wollte ich mich auch bemühen und auch einen Schritt auf ihn und seine Welt zugehen. Ich schloss mich einem Frauenarbeitskreis an, mit dem ich verschiedene Betriebe besuchte, um unterschiedliche Arbeitsmethoden kennenzulernen und zu diskutieren. Ab da ging ich auch öfter mit in den Stall. Ich kam der Landwirtschaft näher und lernte das Leben mit den Tieren und der Natur kennen. Verwundert stellte ich fest, dass ich dort keines meiner Vorurteile bestätigt bekam. Im Gegenteil: Vieles hatte sich verändert. Durch die Technik gab es die schweren Arbeiten nicht mehr und es war sogar üblich, einen Betriebshelfer zu be-zahlen, um in den Urlaub fahren zu können. Meine künftige Schwiegermutter bestärkte mich sogar ausdrücklich in mei-nem Wunsch, weiterhin berufstätig zu bleiben. Wohl auch deshalb, weil ihr dies bei der Einheirat damals verwehrt geblieben war.

Etwa zwei Jahre später bauten wir uns auf dem Hof eine kleine Wohnung aus. Damit war ich mittendrin im Geschehen. Denn unsere Wohnung war nur durch die Wohnung der Schwiegereltern und durch die Wohnung der Oma zu erreichen. Alle Besucher, die zu uns wollten, mussten ebenfalls dort durchgehen. In dieser Zeit heirateten wir und feierten ein sehr schönes Fest auf dem Hof. Dabei konnte ich dem Hof durchaus viel Positives abgewinnen. Ein solch großes Fest auf dem eigenen Hof zu feiern – das war etwas Besonderes für mich. Nach der Geburt unseres ersten Kindes wurde die Wohnung dann endgültig zu klein und wir haben an das bestehende Wohnhaus angebaut. Mit eigenem Eingang!

Ein Jahr nach der Geburt unseres ersten Kindes bin ich wieder voll eingestiegen in meinem Beruf. Ich wollte das gerne und außerdem war die finanzielle Lage in der Landwirtschaft zu der Zeit sehr angespannt – zumal wir ja auch neu gebaut hatten.

In der Zwischenzeit haben wir nach der Geburt unserer Zwillinge gleich drei kleine Kinder und ich bin erst einmal hauptsächlich für die Erziehung zuständig. Wenn ich in Not komme, weil mal wieder alle drei gleichzeitig weinen oder sonst was aus dem Ruder läuft, werde ich von meinen Schwiegereltern unterstützt, die sofort zur Stelle sind, da sie ja so nah bei uns wohnen. Das ist ein großer Vorteil unseres Mehrgenerationenhauses, den ich mehr und mehr zu schätzen weiß, und meinen Schwiegereltern bin ich auch sehr dankbar für alle Unterstützung.

Ob ich nach der Erziehungszeit wieder an meine Arbeitsstelle zurückgehen werde, weiß ich noch nicht. Wir sind derzeit auf dem Hof stark am Erweitern. Zu unserem Sauen- und Ferkelstall planen wir noch einen großen Maststall. Es gefällt mir, neben der Arbeit mit den Kindern, den Stall zu planen, mit meinem Mann Messen und Firmen zu besuchen, um über die Auswahl der technischen Einrichtungen mit entscheiden zu können. In diesem Stall möchte ich sehr gerne mit meiner Familie gemeinsam Verantwortung übernehmen. Und ich freue mich schon darauf!

Manchmal, wenn mir der Trubel in Haus und Hof zu viel wird, träume ich davon, mal wenigstens für ein Wochenende wegzufahren, in einer Stadt in aller Ruhe durch die Geschäfte zu bummeln, in einem schönen Hotel zu übernachten und auszuschlafen. Doch ich weiß, diese Möglichkeit wird es irgendwann auch wieder geben, und ich weiß schon heute, wie ich mich am Ende des Wochenendes darauf freuen werde, hierher auf den Hof zurückzukehren, um hier wieder diese Weite um mich zu haben!

Gudrun, Agraringenieurin, Schleswig-Holstein

... für ein Leben mit Kühen entscheiden

Aufgewachsen bin ich am Rande einer kleinen Industriestadt in der damaligen DDR. Mein Vater ist ein »Vollblut«-Elektriker. Das Herz meiner Mutter hängt an der Landwirtschaft. Meine Großeltern kamen nach dem Zweiten Weltkrieg als Flüchtlinge aus dem Warthegau und als Vertriebene aus dem Sudetenland. Hier bekamen sie Bodenreformland zugeteilt, welches später in die LPG eingebracht wurde.

Blühende Rosen in meinem Garten

Wir hatten einen großen Schrebergarten und waren praktisch Selbstversorger mit Gemüse, Kartoffeln und Obst. Was wir nicht aufessen konnten, wurde eingeweckt, zu Marmelade verkocht oder bekamen die Hühner meines Onkels. Für mich als Kind gehörte der Garten dazu, ich war stolz auf mein eigenes Beet, im alten Pflaumenbaum konnte man ganz hoch klettern und das Kaffeetrinken im Garten war das Beste am Tag. Das war allerdings auch die einzige Zeit, in der sich auch meine Mutter mal eine Pause gönnte. Der Spruch »Erst die Arbeit, dann das Vergnügen« sitzt bei mir ziemlich fest.

Mein Abitur fiel in die Zeit der Wende. Mit einigen Lehrern diskutierten wir mehr über die aktuelle Politik, insbesondere die Lage in Ungarn und Polen, als über den Unterrichtsstoff. Wir waren uns alle einig, dass es eine Liberalisierung der Grenzen in der DDR so nicht geben wird. Kurze Zeit später fiel die Mauer, wir bekamen unterrichtsfrei, um in die BRD zu fahren, das Fach Staatsbürgerkunde gab es plötzlich nicht mehr und die Themen in Geschichte waren nicht mehr die Arbeiterklasse und Parteitage der SED, sondern das Leben in der Steinzeit.

Meinen Studienplatz hatte ich da schon sicher: Agrarwissenschaft, Fachrichtung Pflanzenproduktion an der Humboldt-Universität zu Berlin. Berlin als Studienort sollte es auf jeden Fall sein. Eigentlich hatte ich ein Medizinstudium anvisiert. Vom Notendurchschnitt her möglich, die politische Einstellung eher nicht korrekt, haben mich letztendlich meine praktischen Erfahrungen von einer Bewerbung abgehalten. In den Ferien und an Wochenenden habe ich regelmäßig im Krankenhaus gearbeitet. Ich kam immer mit dem guten Gefühl nach Hause, für andere da gewesen zu sein. Auf der Station waren viele alte Menschen, die so dankbar für ein wenig Aufmerksamkeit und Hilfe waren. Aber den ganzen Tag ohne frische Luft, dafür mit Neonlicht – auf Dauer hätte ich das nicht ausgehalten.

Also Landwirtschaft. Zum Vordiplom waren weniger als 20 Prozent der mit mir immatrikulierten Studenten noch dabei, der Rest hatte die Studienrichtung gewechselt zu vermeintlich attraktiveren Studiengängen wie BWL oder Sozialpädagogik. Ich habe nach dem Vordiplom das notwendige Praktikumsjahr absolviert und mir damit gleichzeitig den bis dahin größten Traum erfüllt: Arbeiten auf einer Dairy-Farm in Kanada. Praktische Erfahrungen mit Milchkühen hatte ich da eigentlich noch keine. Aber irgendwie haben mich die Rinder schon in der Theorie fasziniert und die Liebe zu Kühen ist bis heute unverändert geblieben. Auf dem Betrieb in Kanada habe ich also meine Grundlagen zur Milchviehhaltung erworben. Viele Begriffe aus dem »täglichen Stallgebrauch« liegen mir immer noch zuerst auf Englisch auf der Zunge. Zum Glück gibt es auf Plattdeutsch einige dem Englischen sehr ähnliche Wörter, z. B. »de Koh bullt« oder »the cow is bulling«. Mein nächster Praktikumsbetrieb lag nämlich in Schleswig-Holstein.

Das Platt war für mich zunächst tatsächlich die nächste Fremdsprache. Hier lernte ich meinen Ehemann kennen, einen Freund des Betriebsleiters. Doch bis es im Bauch kribbelte, sollten noch einige Jahre vergehen. Bis dahin kam ich regelmäßig in den Semesterferien und zur Vorbereitung von Tierschauen in den Norden.

Aber erst noch mal zurück nach Kanada. Wer die Wende 1989 von der östlichen Seite der Mauer her erlebt hat, kann vielleicht nachvollziehen, wie es sich anfühlt, wenn etwas, was man für unmöglich gehalten hat, Wirklichkeit wird. Da stand ich also, auf einem kleinen Flugplatz und mein erster Eindruck von dem Land war diese unendliche Weite und Natur. Auf dem ersten Film, den ich verknipst habe, waren nur riesige Bäume und Sandwege zu sehen. Nachdem ich die ersten paar Tage mit Familienanschluss verbracht hatte, bekam ich ein eigenes kleines Häuschen auf dem Farmgelände. Die Arbeit auf einem Milchviehbetrieb ist trotz moderner Technik körperlich anstrengend. Meine Aufgaben waren vielfältig: Liegeboxenpflege, Kälber- und Abkalbe-/Krankenboxen ausmisten, Füttern, Tierkontrolle (»Nightcheck«). Ich habe Melken gelernt, zwischen 140 und 160 Kühe im Doppel-7-Fischgrätenmelkstand, sowie einige Grundlagen der Tierbehandlung. Das Arbeiten dort hat mir sehr viel Spaß gemacht, vielleicht oder gerade weil mir schon viel Verantwortung übertragen wurde. Die Menschen in Kanada waren wahnsinnig nett zu mir. Ich wurde oft eingeladen zum Barbecue, Thanksgiving, Weihnachten oder zu Ausflügen. Diese führen einen in Kanada eher an weite Strände, ursprüngliche Wälder oder einsame Inseln als zu Denkmälern und Museen. Interessant war auch die unterschiedliche Herkunft der anderen Arbeiter auf der Farm: Dänemark, Holland, die Philippinen. Die Eltern der Milchkontrolleurin waren aus Südtirol nach Kanada ausgewandert, und da wir die deutsche Sprache als Gemeinsamkeit hatten, wurde ich zu ihnen nach Hause eingeladen. Eines Tages hatte unser Tierarzt eine Assistentin mit. Wie sich schnell herausstellte, studierte sie in München und war gerade zu einem dreimonatigen Praktikum in einer Kleintierarztpraxis im »Nachbarort« (ca. 20 km entfernt). Wir sind immer noch in Kontakt, obwohl ich im Pflegen von Freundschaften aus Zeitgründen sehr schlecht bin.

Während des Studiums danach versuchte ich, so viel Praxisbezug wie möglich zu behalten. Ich machte einen Kurs zum Eigenbestandsbesamer sowie einen Klauenpflegelehrgang und weitere diverse Praktika in unterschiedlichen Bereichen.

Nach dem Studium hatte ich so viele Pläne. Ich hatte ein Stellenangebot von einem Rinderzuchtverband bekommen, wollte eine Doktorarbeit zu einem Zuchtthema schreiben und am liebsten auch noch einige Zeit in Australien verbringen, um die dortige Landwirtschaft kennenzulernen. Stattdessen zog ich bei meinem Freund ein und habe Kühe gemolken. Ein typischer Familienbetrieb und ich habe bis heute Schwierigkeiten, mich in diese Rolle hineinzufinden. Es ist da dieses Gefühl, mir nichts Eigenes aufgebaut zu haben, nichts »erreicht« zu haben.

Stellt sich die Frage: Warum habe ich meine Pläne aufgegeben? Zuerst dachte ich, ein bisschen Mithilfe auf dem Betrieb meines Freundes und das Schreiben einer Doktorarbeit lassen sich gut vereinbaren. Aber schnell war ich in der Arbeitsfalle gefangen, diverse Stallbauten und andere Projekte auf den Betrieb, dazu eine Erkrankung meines Freundes, … und ein Arbeitstag hatte 14 Stunden. Nach ein paar Jahren war ich ausgepowert. Meine ganze Kraft steckt in dem Betrieb. Der hat sich auch weiterentwickelt, Quoten und bewirtschaftete Fläche haben wir mehr als verdoppelt, neue Betriebszweige sind dazugekommen. Ich habe meinen Teil dazu beigetragen, habe aber das Gefühl, dass ich, als eigenständige Person, in diesem Ganzen verschüttgegangen bin. Irgendwann wurde es essenziell für mich zu versuchen, mit diesen Gefühlen fertig zu werden und andere Prioritäten (als nur Betrieb und Kühe) für mich selbst zu setzen.

Mittlerweile haben wir zwei tolle Kinder und nach zehn Jahren Zusammenleben auch geheiratet. Unsere Familienplanung ist noch nicht abgeschlossen, denn wir finden, dass Kinder auf einem landwirtschaftlichen Betrieb gute Bedingungen für eine glückliche Kindheit vorfinden. Nirgendwo sonst lernt ein Kind Verantwortungsbewusstsein und tägliche Pflichten, den Umgang mit Tieren und Respekt vor der Natur von Anfang an kennen. Es kann aber auch Selbstbewusstsein entwickeln und lernt, meist bedingt durch die hohe Arbeitsbelastung der Eltern, früh selbstständig zu sein. Es ist viel Platz zum Spielen, vor allem auch draußen, und das bei jedem Wetter. Wie wahrscheinlich viele Landwirtinnen habe auch ich bis zur Geburt der Kinder im Stall gearbeitet, beim zweiten mit ersten Wehen noch Milchkontrolle gemacht. Danach habe ich alle Frauen beneidet, die im Mutterschutz waren. Wie sehr habe ich mir gewünscht, wenigstens die ersten sechs Monate nur für das Baby da zu sein. Nicht immer das Kind, wenn es nach dem Stillen ein-geschlafen war, wegzulegen, um irgendwas zu tun, sondern das schlafende Baby im Arm zu halten. Diese innere Zerrissenheit ist eigentlich mein ständiger Begleiter. Da ist immer das Gefühl, für alles nicht genügend Zeit zu haben, die Arbeit im Stall nicht so erledigen zu können, wie es mein Anspruch ist, nicht ausreichend Zeit mit jedem Kind zu verbringen und dann noch der Haushalt … Andererseits weiß ich, dass ich die Verantwortung, die ich auf unserem Betrieb habe, brauche. Nur mit Haushalt und Kindern wäre ich nicht zufrieden. Die bestmögliche Lösung für mich war hier das Tragetuch. Sogar Melken war mit Kind auf dem Rücken möglich. Und die Kinder mochten das auch, im Tuch waren sie immer zufrieden.

Das Leben als Landwirt hat eben wie alles im Leben seine zwei Seiten. Da ist einerseits die hohe Arbeitsbelastung und, vor allem in Milchviehbetrieben, das Gebundensein, da die Kühe irgendwie zur Familie gehören. Andererseits ist der Beruf so vielseitig wie kaum ein anderer. Man muss fit sein im Umgang mit dem Computer, sollte gern ein paar Pflanzen kennen, Bodenanalyse, Nährstoffbilanzen, Grundlagen der Fütterung und Tiergesundheit, ein bisschen Mikrobiologie zum besseren Verständnis der Vorgänge in der Kuh usw. Als Gegenstück dazu die körperliche Arbeit wie Klauenschneiden, Geburtshilfe, Ausmisten (jeder Betrieb hat noch Ecken, wo das Handarbeit ist) oder auch nur eine Kuh zur Untersuchung oder Behandlung anbinden. Die Krönung (jedenfalls für mich) sind die Tätigkeiten in der Natur bei Wind und Wetter, z. B. Tiere auf den Koppeln oder Pflanzenbestände kontrollieren.

Ich sehe mich auch nicht als Frau eines Landwirtes, ich bin selbst Landwirt. Die in den Familienbetrieben übliche Vollverpflegung aller Lohnarbeiter, Saisonarbeitskräfte oder sonstiger Angestellter übernimmt zum Glück noch größtenteils meine Schwiegermutter. Denn, dass ich neben meinen Aufgaben im Betrieb auch noch für alle kochen soll, da hört mein Verständnis auf. Vielleicht hat das ja mit meiner ostdeutschen Vergangenheit zu tun.

Das Schreiben darüber, wie mein »Weg aufs Land« verlaufen ist, brachte es mit sich, dass ich viel über mein bisheriges Leben nachgedacht habe. Bei weitem nicht alle Einflüsse, Umleitungen oder Sackgassen konnte ich erwähnen. Ich habe auf meinem Weg viele Menschen getroffen und gute Freunde gewonnen. Studienkollegen, die man nach vielen Jahren wiedertrifft und mit denen man sich unterhält, als hätte man sich vor einigen Tagen zuletzt gesehen. Oder unsere Freunde hier und unsere Familien, bei denen wir genau wissen, wenn wir sie brauchen, dann können wir mit ihrer Hilfe rechnen. Dafür bin ich dankbar. Sehr gern denke ich an die hilfsbereiten und liebenswerten Menschen in Kanada. An die Melker, Mechaniker und Herdenmanager dort auf der Farm, die mir viel beigebracht haben. Ich kann dieses Gefühl der Freiheit, welches ich seitdem noch nie wieder erlebt habe, nicht beschreiben.

Zurückblickend wird man immer etwas finden, was man anders hätte machen sollen. Ich würde aber immer wieder meinen Mann heiraten, immer wieder Landwirtschaft studieren und mich immer wieder für ein Leben mit Kühen entscheiden.

Judith, ehem. Zahnarzthelferin und Gärtnerin, Baden-Württemberg

Ich würde mich wieder so entscheiden

Auf dem Weg zum Kindergarten komme ich immer an unserer Kirche vorbei. Oft setze ich mich morgens für eine Viertelstunde hinein und bitte um den Segen und die Hilfe für den heutigen Tag. Heute bat ich um ein offenes Herz für den Austauschschüler, der jetzt acht Wochen bei uns wohnt, dass wir alle im Frieden miteinander leben und es jedem dabei gut geht. Wenn mir die Arbeit über den Kopf wächst und ich nicht weiß, wo ich

Im Alter von drei Jahren

anfangen soll, bitte ich um genug Stunden, dass ich unterscheiden kann, was ist heute wichtig und was kann bis morgen warten. Ich finde, man kann Gott alles sagen, man kann auch nur still dasitzen und verschnaufen und diese Zeit Ihm widmen als Besuchsgast. Ich bin dankbar, dass meine Eltern Glaubenssamen in mein Herz gelegt haben, in der Jugendzeit lagen sie zwar trocken da, aber irgendwann keimten sie doch weiter.

Mein Vater ist schon lange tot. Er war ein ganz ruhiger Mann, nicht revolutionär oder so, gerade darum ist mir seine Lebensweisheit im Gedächtnis geblieben und heute so wichtig und wahr geworden. Er hat immer wieder zu mir gesagt: »Wenn du akzeptiert und respektiert werden willst, musst du auch mal die Stirn bieten und gegen den Strom schwimmen.« Meine Oma erzählte mir, wenn sie früher Sorgen hatte, ist sie nachts nach Heroldsbach geradelt – 30 km ein Weg –, hat dort gebetet und ist dann wieder heimgefahren, damit sie zum Wecken und Frühstückrichten wieder daheim war. Diese Stärke hat mich sehr beeindruckt und ich habe daraus gelernt, dass man sich für etwas starkmachen muss, wenn man es wirklich will. Und man braucht eine Hilfe dazu, für mich ist das der Heilige Geist mit Gottes Liebe und Kraft für uns Menschen. Natürlich ist der Ehemann mit Helfer Nr. 1.

Ich komme zwar vom Dorf, aber mein Vater war Beamter. Als Älteste von sieben Kindern erlebte ich eine sehr glückliche Kindheit. Oma und Opa wohnten mit

im Haus, wir hatten ein gepachtetes Ländle für Gemüseanbau, holten jeden Abend Milch beim Bauern,
schauten zu, wie er die Kühe auf die Weide trieb, und
unser Nachbar hatte noch ein paar kleine Ziegen und
einen Esel im Stall stehen. Das war aber auch schon alles, was mich im Jugendalter mit der Landwirtschaft
verband. Mit den Klassenkameraden, die von einem
Hof kamen, hätte ich nie tauschen wollen. Unsere Mutter ging mit uns im Sommer baden, wir fuhren in Urlaub, besuchten Freunde und Verwandte am Wochenende. Die von einem Hof kamen, hatten das nicht so.

Seit 18 Jahren bin ich nun schon mit Thommy glücklich verheiratet. Wir haben vier Kinder, Franziska,
16 Jahre alt, Lukas (14), Maria-Lisa (12) und unser ge-
wünschtes Nesthäkchen Jakob mit fast 5 Jahren. Wir
waren schon acht Jahre ein Paar, bevor wir geheiratet
und eine Familie gegründet haben. Ich bin sehr froh,
dass wir schon so viel erlebt haben und gereist sind, bevor wir uns in seiner Heimat niedergelassen haben, um
den Hof seiner Eltern weiterzuführen.

Thommy ist mir vor 26 Jahren bei einem Landjugend-
austausch in Österreich auf einer Hütte begegnet. Er fiel
mir gleich auf – es war ein sehr prickelndes, spannendes
Wochenende. Als er mich vor der Heimreise zu einem
Vortrag vier Tage später in sein Heimatdorf einlud, freute
mich das sehr. Nur eine Woche später verreisten wir gemeinsam mit der Jugendgruppe nach Amsterdam und
seitdem sind wir ein Paar. Damals hatte Thommy gerade

das Abitur gemacht und ging danach zur Bundeswehr. Während dieser Zeit überlegte er, was er denn studieren solle: Landwirtschaft oder Forstwirtschaft. Ich hoffte sehr, dass er sich für Forstwirtschaft entscheiden würde, denn einen Bauern zu heiraten, kam überhaupt nicht in Frage für mich! Als er dann doch ein Praktikum für das landwirtschaftliche Studium anfing, wurde ich schon von meinen Freundinnen auf den Arm genommen: »Hast du dir schon Gummistiefel gekauft?!« Und ich dachte: Sch…, aber die Liebe war doch stärker. Ich hatte in der Zwischenzeit die Mittlere Reife gemacht und Zahnarzthelferin gelernt. Während dieser Ausbildung, die mir sehr leichtfiel, verbrachte ich viel Zeit in Nürtingen bei meinem Studenten. Ach, war das eine schöne Zeit, freitags gleich ins Auto und rein ins Studentenleben ein Wochenende lang. Weil mir die Ausübung des Zahnarzthelferinnenberufes dann nicht so gefiel, setzte ich noch eine verkürzte Bürogehilfinnenausbildung drauf. Danach machte ich in einem Jahr die Fachhochschulreife nach, weil ich doch noch vorhatte, ein Gartenbaustudium zu beginnen. In der Zwischenzeit machte mein Freund ein weiteres Praktikum auf einem Biohof. Dort war alles so unkompliziert, die Leute waren offen und herzlich. Mir gefiel es dort und ich half in meiner Freizeit immer gerne mit. Dieser Biohof war so Vorbild, dass ich mir das erste Mal auch vorstellen konnte, als Bäuerin auf einem Hof zu leben. Sie hatten dort ein offenes Haus, viele Praktikanten und Helfer, also war immer was los, jeden Abend saß man

Glückliche Kindheit

zusammen und es wurde viel gelacht. Selbst als Thommy
für ein Auslandssemester nach Neuseeland ging, jobbte
ich noch sechs Wochen weiter auf dem Hof, lieh mir von
einem guten Freund das restliche Geld und reiste ihm
nach. Mein Vater konnte gar nicht verstehen, wie man
ohne Geld verreisen kann. Ich hatte kein Problem damit,
wusste ich doch, dass ich später wieder die Zeit haben
würde, um zu arbeiten und die Schulden abzuzahlen. So
war es danach dann auch. Nach unserem Auslandsaufenthalt studierte Thommy weiter, ich arbeitete Schulden ab.
Und ich bin bis heute froh, dass ich mich damals so entschieden habe, denn diese vier Monate »down under« waren herrlich und dieses gemeinsame Reise-Erlebnis kann
uns niemand mehr nehmen.

Ein langes Studium reizte mich nun allerdings nicht

Opas Fahrrad

mehr. Deshalb begann ich eine Gemüsegärtnerausbildung in der Gärtnerei der Universität Hohenheim. So konnte ich doch noch einmal die Studentenzeit miterleben. Als Thommy dann heimging, machte ich mein zweites und letztes Jahr in Friedrichshafen und wir fingen bei ihm daheim schon an, den Hausumbau zu planen. Seit unserem Auslandsaufenthalt war uns klar, dass wir zusammenbleiben wollten.

Als ich dann meine Ausbildung abgeschlossen hatte und das Haus umgebaut war, heirateten wir und ich arbeitete ab da auch auf dem Hof mit. Anfangs war dies eine Riesenumstellung für mich. Ich hatte keinen freien Tag mehr, konnte nicht mehr einfach mal zum Bummeln oder Kaffeetrinken in die Stadt gehen. Das machte mir schwer zu schaffen. Es gab immer Arbeit und Freizeit höchstens am Sonntag oder wenn ich mich getraute, mal frei zu machen. Aber das war schwer, denn wenn alle andern um dich herum arbeiten, schleppst du dann immer ein schlechtes Gewissen mit dir herum. Oder es kam spätestens dann, wenn ich wieder ins Dorf hineinfuhr.

Damals half mir, dass wir gleich mit Gemüseanbau anfingen und samstags oft meine Familie und Freunde zum Helfen kamen. Dadurch war immer etwas los bei uns. Und durch den kleinen angefangenen Straßenverkauf bekam ich nette Kundenkontakte. Als unsere erste Tochter geboren war, veränderte sich das Leben ja sowieso total. Wir bauten in dieser Zeit auch unseren Hofladen, und so hatte ich ab da viele eigene »Jobs« und Verantwortungen und das Angebundensein war gar kein Thema mehr. Ich hatte einen erfüllten Alltag, auch hatten wir genügend Freunde aus der Studentenzeit, die am Wochenende immer wieder mal gerne zum Melken kamen und sogar Urlaubsvertretungen machten. Thommys Vater war ja da, kannte sich aus, wenn Fragen und Probleme auftraten, und war auch mindestens einmal täglich mit dabei im Stall.

Seine Eltern selber hatten unter einer dominanten Großtante, die den Hof früher geführt hatte, ein Leben lang zu leiden. Als klar war, dass wir heiraten wollen und heimkommen, zogen sie in ihr schon vor etlichen Jahren gebautes Haus im Neubaugebiet, weg vom Hof.

Sie wollten ihre Ruhe und es niemandem so schwer machen, wie sie es hatten. Noch heute bin ich von Herzen dankbar für diesen Entschluss, dass die Schwiegereltern nicht bei uns auf dem Hof leben. So können sie sich auch nicht daran stören, wenn wir eine andere Lebenseinstellung haben wie sie. Ob das Gäste sind, ob ich nachts arbeite und morgens eine Stunde länger schlafe, ob meine Küche aufgeräumt ist sofort nach dem Mittagessen oder erst abends erledigt wird, wie oft wir einen Babysitter haben und abends ausgehen. Das sind alles Dinge, die erst gar nicht zum Problem wurden.

Die Schwiegereltern helfen zwar noch bei allem mit, aber mischten sich dabei nie ein, noch nicht einmal, als wir auf »Bio« umstellten. Meine Schwiegermutter macht viel im Garten und auf dem Feld und kocht für unsere Kinder freitags mit, wenn ich voll im Laden stehe und es bei uns nur schnelle Küche gibt. Mein Schwiegervater ist ein sehr ruhiger, sehr zufriedener Mensch. Er arbeitet vor sich hin, genießt jeden Tag, an dem es ihm gut geht, und ist lieber zu Hause als unterwegs. Manchmal muss ich mich schon besinnen, um kein schlechtes Gewissen zu bekommen. Denn die Schwiegereltern haben ihr ganzes Leben immer viel draußen gearbeitet und sie kennen die viele Arbeit im Büro und im Laden nicht. Sie kennen auch die vielen anderen Termine, die man heute mit Kindern hat, nicht. Und immer, wenn ich mal eine Woche in Urlaub fahre oder nur ein Wochenende oder sogar nur einen halben Tag unterwegs bin, wenn nur mittags mal Besuch kommt und wir gemeinsam Kaffee trinken, denke ich manchmal: »Was denken die fleißigen Schwiegereltern jetzt?« Obwohl ich meine Arbeit dann ja abends erledige, oft sogar in die Nacht hinein arbeite, um alles wieder aufzuholen. Das schlechte Gewissen plagt mich dann nur, weil ich mir immer wieder die Stiefel der Schwiegereltern anziehe, statt mein Leben zu leben und zu genießen. Aber nach 18 Jahren Ehe habe ich viel gelernt und mich von so manchem befreien können.

Ich bin sehr gerne Bäuerin, obwohl viele Frauen aus dem Dorf wahrscheinlich sagen: »Die ist ja gar keine richtige Bäuerin!« Aus der Sicht von Milchviehbäuerinnen stimmt das auch. Ich habe seit 16 Jahren einen Hofladen, der jeden Freitag und Samstag geöffnet ist. Mit bestellen, neue Ware einsortieren, vorbereiten, verkaufen und aufräumen und putzen sind das schon mal 20 Stunden in der Woche. Von Mai bis November arbeite ich auch auf dem Feld mit, wenn es klemmt, wir haben 1 ha Gemüseanbau, das heißt: regelmäßig pflanzen, jäten, ernten und im Herbst gibt es zusätzlich, über vier Wochen verteilt, viel Obst zu lesen. Wir haben im Sommer bis zu zwei Praktikanten gleichzeitig und so lohnt sich das Kochen jeden Tag für acht Personen, wenn nicht auch noch Freunde der Kinder mit am Tisch sitzen, was auch oft vorkommt. Aber – und das ist für viele der springende Punkt – ich muss nicht im Stall mitarbeiten. Die tägliche Stallarbeit macht mein Mann mit seinem Cousin, der sein »Biohof-

Ziegen erfreuen Groß und Klein

Geschäftspartner« ist, gemeinsam. Am Wochenende wechseln sie sich ab, das heißt, einer hat ab Samstagnachmittag frei. Unser neuer Milchviehstall wurde im Jahr 2000 weg von Hof und Haus – außerhalb des Dorfes – gebaut, was ohnehin die gleichzeitige Kinderbetreuung und das Mitarbeiten im Stall unmöglich machte.

Heute arbeite ich also montags, dienstags, mittwochs im Haushalt meist vormittags, nachmittags im Garten, Feld, und in der Kirchengemeinde mit. Ab Donnerstag ist Ladenzeit bis samstags 17 Uhr. Sonntags sind wir immer viel unterwegs, da wir viele Freunde haben, die wir gern besuchen, gerne Ausflüge machen und die Gegend und andere Landschaften anschauen. Abends lese ich, arbeite so im Haus rum, mache Wäsche, bin im Kirchengemeinderat, besuche Freunde und gehe mit ihnen weg, und sitze auch gern am PC.

Ich fühle mich hier im Dorf sehr wohl. Es ist ein sehr schönes Dorf, mit einem Bach in der Mitte, vielen Bäumen am Ufer entlang, einem schönen Dorfplatz mit Kirche und einem guten Gasthaus, einem Rewe-Laden neben meinem Laden und vielen aktiven Vereinen. Kindergarten und Grundschule sind noch im Dorf. Mein eigener Laden hat mir sehr geholfen Leute kennenzulernen, wir haben viele gute Freunde aus der Kundschaft heraus gefunden. Auch die Kirchengemeinde und unser Hauskreis sind für mich da sehr wichtig.

Heute kann ich sagen, ich würde mich wieder so entscheiden.

Ich bin froh, dass mein Mann Land- und nicht Forstwirtschaft studiert hat und wir gemeinsam auf dem Hof arbeiten. Für die Kinder, für die Familie finde ich es sehr wertvoll, bei allen Mahlzeiten gemeinsam am Tisch zu sitzen. Uns ärgert an keinem Sonntagabend, dass wir nach einem langen Wochenende morgen wieder anfangen müssen. Uns ärgert kein blöder Chef, wir müssen uns nicht trennen, wenn wir zur Arbeit gehen. Durch unsere Praktikanten bekommen wir immer wieder mit, dass viele gar nicht mehr wissen, was die Eltern, meist der Vater, genau arbeiten. Sie kennen kein gemeinsames

Kochen und Essen, sind oft nicht gewohnt, selbstständig auch nur kleine Arbeiten zu übernehmen, wissen nicht, wie man mit einem Besen den Boden kehrt oder wie man Haustiere füttert und mistet. Das sind für mich alles Arbeiten fürs Leben, die wir in der Landwirtschaft unseren Kindern automatisch mitgeben als Lebensgeschenk. Als Mutter muss ich nur lernen, nicht alles alleine zu machen, sondern immer wieder die Kinder anleiten und etwas sagen und wiederholen, bis die Kinder es selbstständig können und auch tun. Wichtig und wertvoll für mich ist, dass wir ein offenes Haus haben, für Gäste, Freunde, Helfer und Praktikanten. Natürlich muss es dabei unkompliziert zugehen, jeder muss anpacken und helfen. Nur so kann ich die Gäste auch genießen.

Was ich als Bäuerin brauche, um mich wohl und selbstständig zu fühlen, ist ein eigener Arbeitsbereich, der mir Spaß macht und Freude bereitet. Egal, ob man Lehrlinge in der Hauswirtschaft ausbildet, im Büro arbeitet, Kurse für Schulkinder oder Filzkurse anbietet (das heißt: das Hobby mit zum Beruf macht), ob man abends oder halbtags auswärts arbeiten geht oder ich den Hofladen führe – wichtig ist, dass ich etwas Eigenes habe! Und ich muss dafür sorgen, dass es mir gut geht. Denn wenn es mir gut geht, geht es der ganzen Familie und dem ganzen Umfeld gut. Und wenn ich eine Auszeit brauche, muss ich mir einen freien Tag wünschen bzw. schenken lassen. Wichtig ist für mich auch, dass ich Dinge, die ich gar nicht gerne tue, manchmal auch an andere abgeben kann. Ich muss es nur organisieren. Es gibt auch Menschen außerhalb der Landwirtschaft, denen das Arbeiten auf einem Bauernhof Spaß macht: Rentner, Schüler, Praktikanten. Wenn man offen ist für andere Menschen, ist vieles möglich.

Was mir dabei auch sehr hilft, sind meine Kirchgänge, in denen ich die Stille genieße, auf Gottes Wort hören kann bzw. ihm alles erzählen kann, was mich drückt, und ihn um Rat frage. Für mich kommen die besten Ideen vom Heiligen Geist, die dann plötzlich in meinem Kopf sind. Und schon alleine, still dazusitzen und sich zu besinnen: Was will ich?, Wem geht es nicht gut?, Wo kann ich helfen?, Wie finde ich den Mut, die Streiterei zu beenden oder die ständig beleidigte Leberwurst anzureden? Wie befreie ich mich von Zwängen, was sagen die Nachbarn, der Kollege und was mache ich, weil es mir selbst wichtig ist? Dann darüber zu stehen, auszuhalten, mich durchzusetzen, meine Wünsche ausdrücken zu können, zu sagen, wenn ich verletzt worden bin und dass ich das nicht mehr möchte; diese Hilfe, Stärke hole ich mir im Gebet und in der Ruhe vor Gott.

Immer wieder aufs Neue stärken mich die Verse aus Prediger 9: »Darum iss dein Brot und trink deinen Wein und sei fröhlich dabei! So hat es Gott für die Menschen vorgesehen und so gefällt es ihm. Nimm das Leben als ein Fest: Trag immer frisch gewaschene Kleider und sprenge duftendes Öl auf dein Haar! Genieße jeden Tag, mit der Frau (für mich: »mit dem Mann«), die du liebst, solange das Leben dauert, das Gott dir unter der Sonne geschenkt hat. Dieses vergängliche und vergebliche Leben. Denn das ist der Lohn für die Mühsal und Plage, die du hast unter der Sonne.«

Maria, ehem. Diplompädagogin, Nordrhein-Westfalen

Mobile

Frau Siegel hat ein neues Buchprojekt: »Nicht-Bauern-töchter, die auf Höfen leben, du kannst auch einen Beitrag schreiben.« Mit dieser Nachricht betritt mein Mann Samstagabend gegen 21.30 Uhr unser Wohnzimmer. Es ist mal wieder spät geworden, während der Ernte ist das nichts Besonderes und auch sonst wird es oft spät. Wochentags wie am Wochenende. Die Arbeit auf dem Hof hat Vorrang. Immer. In bäuerlichen Familien ticken die Uhren anders. Zeit wird eingeteilt nach den Erfordernissen des Hofes. Klar abgegrenzte Arbeitszeit gibt es nicht, deshalb gibt es auch keine definierte Freizeit. Wie erkläre ich einer ferkelnden Sau mit engem Beckenausgang, dass ab 20 Uhr Feierabend ist?

Und da bin ich auch schon mittendrin im Thema. Habe ich mir das so vorgestellt vor 24 Jahren, als wir uns kennenlernten, uns ineinander verliebten und beschlossen, zusammenleben zu wollen? Auf dem Hof. Gemeinsam zu leben und zu arbeiten?

Aufgewachsen bin ich auf dem Land, im Außenbereich einer rheinischen Kleinstadt. Unserem Haus gegenüber lag der elterliche Hof meines Vaters. In unserer Gegend gilt das Ältestenerbrecht, sodass seine ältere

Kinderbild

Schwester und später deren Tochter und Mann den Hof
weiterführten. An unseren Garten grenzten die Äcker
vom Wienen Jupp. Rechts und links von uns einzelne
Bungalows stadtmüder Düsseldorfer.

Präsent sind mir Erinnerungen an einige Sommerfe-
rientage, an denen ich rüber auf den Hof meiner Cousine ging, um mit deren Tochter zu spielen und natür-

lich auch an den anfallenden Arbeiten teilzuhaben. So wurden dicke Bohnen gepflückt, die Unterarme schwarz von Läusen, Strohballen auf den Wagen gepackt, um dann hoch oben mit grandioser Aussicht vom Feld nach Hause gefahren zu werden. Es gab dort ein Pumpenhäuschen, in dem wir spielten und den obligatorischen mitgebrachten kalten Kaffee aus einer Blechtasse tranken. Dazwischen mischen sich Bilder der Bauersleute, wie sie an einem kalten Dezembertag in einer ungeheizten Kammer sitzen, mit Atemwölkchen vor dem Mund und riesige Mengen Porree putzen. Und nicht zu vergessen Bruno, das Schwein, das in einem großen Auslauf handzahm aufwuchs, bis der Stall eines Tages leer war. »Bruno is fott!«, kommentierte die Cousine meine Nachfrage, während sie in einem riesigen Topf den Panas (eine Art Blutwurst, die in Scheiben geschnitten in der Pfanne gebraten wird, lecker!) anrührte. Es kam dann wieder ein neuer Bruno. Im Nachhinein sicher ein verklärter, unreflektierter Blick aus unbeschwerten Kinderaugen. Manchmal erzählte mein Vater alte Geschichten vom »Burehoff«, wie nach dem Ersten Weltkrieg Franzosen auf ihrem Hof einquartiert waren und ein französischer Soldat dem kleinen Sechsjährigen eine ganze Handvoll Zucker auf seine Erdbeeren gab. Wie die Kinder losgeschickt wurden, zum Bäcker mit einem großen Sack Mehl im Bollerwagen, der davon Brot backen sollte und heimlich was für sich behielt. Riesige Laibe Schwarzbrot, die mit Schmalz oder Rübenkraut gegessen wurden. In unserer Familie wurde nicht über Landwirtschaft diskutiert. Es gab sie und sie war gut und nützlich. Manchmal stank es nach Mist, und wenn der Wienen Jupp pflügte, flogen Schwärme von Möwen hinter seinem Pflug her.

Nach meinen Berufswünschen gefragt, hätte Bäuerin sicher nicht an erster Stelle gestanden, eher Kindergärtnerin, wie meine Mutter, oder Schriftstellerin wie Astrid Lindgren.

Mit dem Eintritt ins Jugendalter habe ich dann erst mal das Interesse am Bauernhof verloren. Andere Themen wurden lebenswichtig, Freundinnen, Reiten, Volleyball, Jungs und was um Himmels Willen mache ich nach dem Abitur?

Einen sehr direkten Bezug zur Landwirtschaft bekam ich dann wieder zum Ende meines Pädagogikstudiums, inzwischen war ich alleinerziehende Mutter zweier Söhne. Eine Freundin, mit der ich gemeinsam die Diplomarbeit geschrieben hatte, lebte auf einem Bauernhof mit Mann und Kind. Wir haben dort viel schöne Zeit miteinander verbracht und dort habe ich dann auch meinen Mann kennengelernt.

Für uns war ziemlich schnell klar, dass wir zusammenleben und eine große Familie gründen wollten, zunächst bin ich noch in Bielefeld wohnen geblieben, aber die Fahrerei war auf Dauer anstrengend und nervig.

Heiraten war für mich damals überhaupt kein Thema, diente in meinen Augen auch eher der Unterdrückung und Entrechtung von Frauen. Selbstverständlich besaß ich eine lila Latzhose, ein EMMA-Abo, arbeitete halbtags in einem alternativen Kinderladen und war einige Jahre ehrenamtliche Mitarbeiterin im Autonomen Frauenhaus, wo ich hautnah mitbekam, wie manche Männer mit ihren Ehefrauen umgehen.

Plötzlich rückte also das Thema »Heiraten« in den Vordergrund. »Bei uns auf dem Land geht das nicht ohne.« Das waren die ersten Einmischungen in unsere Zukunftspläne vonseiten der älteren Generation. Gut, es wird geheiratet, im engsten Familien- und Freundeskreis, war unser Zugeständnis. Aus den geplanten 30 Leuten wurden dann ca. 150, denn es heiratete ja ein Hoferbe mit großer Familie. Und ich gebe zu, es war eine wirklich schöne Hochzeit bei uns auf dem Hof, und auf diese Weise lernte ich dann auch gleich die vielen netten und herzlichen Tanten und Onkel, Cousinen und Cousins meines Mannes kennen und die freundliche Nachbarschaft, in die ich ohne Wenn und Aber aufgenommen wurde.

Man stelle sich also vor, vor 24 Jahren gab es die ursprüngliche Familie, bestehend aus den Altbauern und dem Jungbauern, dem Hoffnungsträger. Der Hofalltag ist komplex, jeder hat seine Aufgaben und Pflichten, es gelten bestimmte Regeln, wie z. B. Bauern tragen grüne Hemden und auf dem großen Tisch in der Küche wird die Wäsche gefaltet. An sich nicht tragisch, wenn man die Regeln kennt. In dieses System bricht nun eine studierte Städterin, noch dazu mit zwei kleinen Kindern ein, die nicht vom Fach ist. Kann das gut gehen?

Auch wenn mein Mann und ich uns bewusst dafür entschieden haben, gemeinsam leben und arbeiten zu wollen, sind wir die praktische Umsetzung doch recht naiv angegangen.

Das gemeinsame Wohnhaus war für zwei Familien ein denkbar ungeeignetes Gebäude. Wir nutzten im Erdgeschoss Wohnzimmer und die Küche – die gleichzeitig Durchgang der Schwiegereltern zum Kuhstall war. Aufgrund der unterschiedlichen Essenszeiten verging also keine unserer Mahlzeiten ungestört, immer gab es regen Durchgangsverkehr. Im ersten Stock, erreichbar durch ein offenes Treppenhaus, lagen der Wohnbereich und die Küche der Schwiegereltern, oben unterm Dach unsere Schlafzimmer und ein Lehrlingszimmer.

Keine abgeschlossenen Lebensbereiche, keine Wohnungstüre, die man mal hinter sich hätte zumachen können. Grenzüberschreitungen und Einmischungen waren da vorprogrammiert – aus heutiger Sicht. Meine Schwiegereltern hatten 1969 nach einem Brand das Wohnhaus und Kuhstall neu errichten müssen und so gebaut, dass eine Großfamilie es dort nett miteinander haben konnte. Vorausgesetzt, alle sind damit einverstanden. Dass es vielleicht besser sein könnte, die Möglichkeit für zwei unabhängige Wohnbereiche zu schaffen, ist damals einfach niemandem in den Sinn gekommen.

Weil es eben so Tradition war, dass man Küche und Wohnbereich gemeinsam nutzte. »Warum verlagert ihr nicht den Flur, warum baut ihr keine Außentreppe an …? Wohlgemeinte Fragen von Freunden, doch in dieser Zeit lagen Stallumbauten und eine Kottenrenovierung an, innerhalb von zwei Jahren wurden dann auch noch unser dritter und vierter Sohn geboren.

Im Stall habe ich zunächst Aushilfsarbeiten übernommen, Schweinefüttern, Misten, Einstreuen, so gut das eben mit einem bald siebenköpfigen Haushalt ging, mitunter kamen noch Saisonarbeitskräfte dazu.

Während ich dies schreibe, kommen Bruchstücke noch schmerzender Konflikte wieder in mein Bewusstsein, es war und ist lebenswichtig, dass ich gute Freundinnen und Freunde habe, die mir zuhörten und Trost anboten.

Rückblickend kann ich jetzt sagen, dass es auch für meine Schwiegereltern, besonders die Schwiegermutter, keine einfache Situation war. Schließlich hat sie ihren Sohn von Kindesbeinen an auf seine zukünftige Rolle als Hofnachfolger vorbereitet. Und dann ist da mit einem Mal diese eigensinnige Städterin, die ganz andere Ideen und Vorstellungen hat. Im Gemüsegarten nur Chaos stiftet – viel zu frischen Mist sehr unordentlich untergräbt, die Stangenbohnen viel zu früh pflückt, mit Blaukorn gedüngte Kartoffeln boykottiert und deren Kinder nur Spinat mit Blubb essen. So hatte sie sich das sicher auch nicht vorgestellt. Sie hat sich bemüht, eine

gute Schwiegermutter zu sein, hat mir einige Reisen ermöglicht, in denen sie selbstverständlich unsere junge
Familie mitversorgt hat und immer Kinder gehütet hat,
wenn es nötig war.

Später habe ich dann die Arbeiten im Abferkelstall
und das Füttern im Ferkelstall übernommen, was mir
gefiel, aber auch schwerfiel, weil es doch eine körperlich
und für den Rücken sehr anstrengende Arbeit ist.

Als unser jüngster Sohn in die Grundschule kam,

Stolzer Hahn

habe ich stundenweise in dem Buchladen einer Freundin gearbeitet, das hat mir sehr viel Spaß gemacht und ich war froh, mal für ein paar Stunden vom Hof wegzukommen. Wenngleich ich immer unter Rechtfertigungsdruck stand. Außerhalb des Hofes arbeiten zu gehen, wo doch auf dem Hof viel wichtigere Arbeit liegen blieb (wie z. B. die Kuhstallfenster putzen oder Spinnen fegen). Irgendwie habe ich es geschafft, mich darüber hinwegzusetzen.

Nach zehn gemeinsamen Jahren haben wir dann Pläne für ein eigenes Wohnhaus gemacht. Weil es in unserer Gegend nicht üblich ist, dass die Altenteiler den Hof verlassen, sind wir nach Fertigstellung unseres Holzhauses nach zwölf Jahren schließlich dort eingezogen, was meinem Mann nicht leicht gefallen ist, als Betriebsleiter den Betrieb zu verlassen.

Anfangs kam es uns vor, als ob wir in einem Ferienhaus lebten. Unser Verhältnis zu den Eltern ist ab da sehr viel entspannter geworden und meiner Experimentierfreude im Garten konnte ich jetzt freien Lauf lassen.

Ich sah mich in den vergangenen Jahren diversen Rollenerwartungen (nicht zuletzt meinen eigenen) gegenüber. Ich wollte eine gute Mutter sein. Eine erstklassige Bäuerin, aber hat man schon jemals von einer Schwiegertochter gehört, die auch nur annähernd so tüchtig wie ihre Schwiegermutter ist? Selbstverständlich eine gute Partnerin. Und irgendwo gab es da doch auch noch mich, fröhlich, optimistisch und wissbegierig, die

Rheinländerin, die gerne liest, Kino und Theater mag und mit ihren Freundinnen Doppelkopf spielt.

Auf meinem beruflichen Lebensweg habe ich wieder Themen aufgegriffen, die mir vor langer Zeit bei meinem Studium begegnet waren.

In den letzten neun Jahren habe ich zunächst noch ein Zertifikat in Englisch gemacht, das mir ermöglicht, in einer kleinen Privatschule vor Ort Erwachsene in Englisch zu unterrichten, was ich für mein Leben gerne tue. Später folgte eine zweijährige Ausbildung in Systemischer Familientherapie, was wieder an mein Pädagogikdiplom anknüpfte, und Anfang 2010 habe ich schließlich vor dem Gesundheitsamt in Minden die Prüfung zur Heilpraktikerin im Bereich Psychotherapie bestanden. Aktuell bin ich dabei, mich selbstständig zu machen im Bereich Systemische Therapie und lösungsorientierte Beratung.

Im Stall arbeite ich inzwischen nicht mehr, meine Rücken-probleme manifestierten sich, ich kümmere mich heute um die Buchführung, stehe bereit für alle Eventualitäten, die »Kannst du mal gerade«-Arbeiten (das neugeborene Kalb von der Weide, Ferkelfutter, Bindegarn … etc. holen?) Bin ich noch »Bäuerin«? Ich weiß nicht, welche Kriterien erfüllt sein müssen, um eine zu sein. Fühlen tue ich mich jedenfalls so. Auch wenn ich bestimmt keinem gängigen städtischen Klischee einer Bäuerin entspreche. Ich trage weder Kopftuch noch Kittelschürze, noch melke ich lila Kühe oder renne mit schäumenden Milcheimern in Gummistie-

feln durch die Gegend. Und offiziell gibt es die Berufs-
bezeichnung »Bäuerin« ja sowieso nicht! Bei den Behörden wird er durch den Begriff »Hausfrau« ersetzt.

Vor rund 18 Jahren haben einige Bäuerinnen und ich
einen Bäuerinnentag auf dem Lindenhof in Bielefeld
veranstaltet. Mal ein Tag nur für uns Frauen ganz allein,
der gut angenommen wurde, sodass weitere folgten.

Ich gehörte gemeinsam mit meinem Mann einem ag-
rarpolitischen Arbeitskreis an, der sich unter anderem
für die Rechte der Bäuerinnen auf eigene Rente ein-
setzte. Wir haben uns eine Menge Schelte gerade aus
bäuerlichen Kreisen anhören müssen, dass wir den Ruin
der Höfe provozierten mit unserer unerhörten Forde-
rung, dass für die Rente der Frauen in die Alterskasse
eingezahlt werden sollte. Inzwischen haben alle Menschen aus dem Arbeitskreis Kinder bekommen und die
politische Arbeit findet erst mal in der Familie, der berühmten »Keimzelle der Gesellschaft« statt.

In meiner Arbeit als Systemische Beraterin arbeite ich
lösungsorientiert. Ich frage nicht: »Warum funktioniert
etwas nicht?«, sondern: »Wie könnte es funktionieren?«
Das habe ich früher leider nicht beherzigt, es gab Phasen, in denen ich völlig fertig war und immer nur »Warum …?« gefragt habe. Wenn mein Mann mal wieder
nur wenig Zeit für die Kinder und mich hatte und es
nur selten gemeinsame Urlaube gab. Oder ich mal wieder etwas falsch gemacht hatte, wieder in Fettnäpfchen
getreten war.

Die systemische Theorie besagt, dass unser ganzes Leben aus Systemen besteht: Familie, Freundeskreis, Arbeitsplatz ... Diese lebenden Systeme können nur bestehen, wenn jede/r sich an festgelegte Regeln und die ihr/ihm zugewiesene Rolle hält. Das gilt für bäuerliche Familien insbesondere. »Wir müssen doch alle an einem Strang ziehen«, so ein Zitat meines Schwiegervaters. Nur das reibungslose Funktionieren des Miteinanders garantiert den Fortbestand des Hofes, überlebenswichtig wiederum für alle, die zu diesem System gehören. Ein Mobile ist Symbol für ein System; sobald sich ein Element des Mobiles »gewichtig« verändert, müssen sich alle anderen Elemente neu ausrichten.

Mit meinem Eintritt in das Familiensystem meines Mannes habe ich ganz schön Bewegung und Unordnung in sein Familien-Mobile gebracht. Was auch für ihn oft nicht leicht war. Er hatte vier Rollen inne, denen er gleichzeitig gerecht werden musste: Sohn und gleichzeitig Ehemann und Vater. Und Betriebsleiter.

Die Systemische Theorie besagt auch, dass alle lebenden Systeme immerfort in Bewegung und Veränderung begriffen sind. Um sich nicht zu verändern, muss viel Energie aufgewandt werden. Wenn ich in meiner Beratung Klienten zu Anfang der Stunde frage: »Was hat sich seit dem letzten Mal verändert?«, und sie antworten: »Nichts.«, ist meine nächste Frage: »Wie schaffen Sie das?«

Getreu diesem Grundsatz haben wir uns wacker verändert in den letzten 24 Jahren, wir wohnen im eigenen Haus, die Söhne sind flügge geworden, der Älteste ist schon verheiratet, sodass nun auch ich die Chance habe, eine gute Schwiegermutter zu werden, was in erster Linie bedeutet, dass ich mich rauszuhalten versuche, auch wenn es manchmal schwerfällt – denn natürlich wissen wir »Alten« doch alles besser, oder nicht? Und was unseren Betrieb angeht, so denken wir schon seit geraumer Zeit darüber nach, auf »Bio« umzustellen.

Ich weiß inzwischen, dass hier mein Platz ist, ich bin wieder ein »Landei« geworden und immer froh, wenn ich nach Terminen in der Stadt nach Hause fahren kann. Ich habe hier die Chance, einigermaßen selbstbestimmt leben zu können, wie es neumodisch heißt: »authentisch« zu sein. Meine und unsere gemeinsamen Vorstellungen, was wir im Leben noch erreichen möchten, zu verwirklichen.

Wenn ich Bilanz ziehe: Ob ich alles noch mal so machen würde? Klar, sonst gäbe es mich so, wie ich jetzt bin, nicht und ich will auch nicht auf unsere wunderbaren Söhne und die nette Schwiegertochter verzichten müssen, auf den Mann natürlich auch nicht, versteht sich.

Klar gibt es Situationen, die ich so nicht noch mal erleben möchte, und natürlich plagen auch mich oft Sorgen und Nöte. Wie geht es mit meiner Selbstständigkeit voran, werde ich je genug Klientinnen und Klienten haben, die von meinem großen Erfahrungsschatz profitieren möchten? War es eine gute Entscheidung, einen Praxisraum zu mieten? Werden die Kinder ihren Weg finden? Wie wird es mit unserem Hof weitergehen?

Und manchmal habe ich auch Wut auf den Hof, wenn er sich mal wieder in den Vordergrund drängt. Warum gibt es immer dann komplizierte Kälbergeburten, wenn wir einmal in zehn Jahren ins Kino wollen?

In den letzten 24 Jahren bin ich milder und gelassener geworden, hoffentlich auch etwas weiser und natürlich haben unsere Kühe das Recht zu kalben, wann immer sie wollen (aber bitte nicht gerade Heiligabend – da reißt ja meist schon das Seil an der Entmistung!).

Ich möchte es mit dem klugen Mark Twain halten: »Es gab viele schreckliche Dinge in meinem Leben, aber nur wenig ist davon passiert.«